中华人民共和国建设部

市政工程投资估算指标

第六册　隧 道 工 程

HGZ 47–106–2007

中 国 计 划 出 版 社

北　京

图书在版编目（CIP）数据

市政工程投资估算指标．第6册，隧道工程．HGZ 47-106-2007／建设部标准定额研究所主编．—北京：中国计划出版社，2008.3

ISBN 978-7-80242-075-5

Ⅰ．市… Ⅱ．建… Ⅲ．①市政工程—工程造价—估算—中国②隧道工程—工程造价—估算—中国 Ⅳ．TU723.3 U45

中国版本图书馆 CIP 数据核字（2008）第 030637 号

市政工程投资估算指标

第六册 隧道工程

HGZ 47-106-2007

建设部标准定额研究所 主编

☆

中国计划出版社出版

（地址：北京市西城区木樨地北里甲 11 号国宏大厦 C 座 4 层）

（邮政编码：100038 电话：63906433 63906381）

新华书店北京发行所发行

三河富华印刷包装有限公司印刷

880×1230 毫米 1/16 11.5 印张 314 千字

2008 年 3 月第一版 2008 年 3 月第一次印刷

印数 1—6000 册

☆

ISBN 978-7-80242-075-5

定价：26.00 元

主编部门：中华人民共和国建设部

批准部门：中华人民共和国建设部

执行日期：2008 年 4 月 1 日

建　设　部
关于印发《市政工程投资估算指标》（桥梁等5册）的通知

建标［2007］240号

为合理确定和控制市政工程投资，满足市政建设项目编制项目建议书和可行性研究报告投资估算的需要，我部制定了《市政工程投资估算指标》（《第二册　桥梁工程》、《第四册　排水工程》、《第五册　防洪堤防工程》、《第六册　隧道工程》、《第九册　路灯工程》），编号为HGZ 47-102-2007、HGZ 47-104-2007、HGZ 47-105-2007、HGZ 47-106-2007、HGZ 47-109-2007，现印发给你们。自2008年4月1日起施行。我部1996年发布的《全国市政工程投资估算指标》中的相应内容同时废止。

《市政工程投资估算指标》由建设部标准定额研究所组织中国计划出版社出版发行。

请你们认真贯彻执行，并将工作中的问题和建议反馈建设部标准定额司。

中华人民共和国建设部

二〇〇七年十月十八日

前　言

根据建设部“关于印发《二〇〇三年工程项目建设标准、投资估算指标、建设项目评价方法与参数编制项目计划》的通知要求”，我部制定了《市政工程投资估算指标》(以下简称《指标》)，并于2007年10月18日批准其中桥梁等五册(第一、三、七、八册已于2007年6月批准)。《指标》的制定发布将对合理确定和控制市政工程投资，满足市政建设项目编制项目建议书和可行性研究报告投资估算的需要起到积极的作用。

本《指标》由建设部标准定额研究所负责管理和解释，请各单位在执行过程中，注意积累资料，认真总结经验，将有关意见及时反馈标准定额研究所。

本《指标》的主编单位、参编单位：

主编单位：建设部标准定额研究所

参编单位：北京市建设工程造价管理处
北京城建设计研究总院有限责任公司
天津市建设工程定额管理研究站
天津市市政工程经济技术定额研究站
上海市建设工程标准定额管理总站
上海市市政工程定额管理站
上海市政工程设计研究总院
上海市隧道工程轨道交通设计研究院
重庆市建设工程造价管理总站
河北省工程建设造价管理总站
辽宁省建设工程造价管理总站
安徽省建设工程造价管理总站

总　说　明

为了合理确定和控制市政工程投资，满足建设项目编制项目建议书和投资估算的需要，提高建设工程投资效果，制定《市政工程投资估算指标》（以下简称本指标）。

一、本指标依据建设部"关于印发《二○○三年工程项目建设标准、投资估算指标、建设项目评价方法与参数编制项目计划》的通知"下达的编制计划，以现行全国市政工程设计标准、质量验收规范和建设部、财政部"关于印发《建筑安装工程费用项目组成》的通知"（建标〔2003〕206 号）、《建设项目总投资及其他费用项目组成规定》（送审稿），以及预算定额、工期定额为依据，在《全国市政工程投资估算指标》（1996 年）的基础上，结合近年有代表性的已竣工典型工程项目的相关资料进行编制。

二、本指标适用于新建、改建、扩建的市政工程项目。

三、本指标是建设项目建议书、可行性研究报告阶段编制投资估算的依据；是多方案比选、优化设计、合理确定投资的基础；是开展项目评价、控制初步设计概算、推行限额设计的参考。

四、本指标共十册。包括《第一册　道路工程》、《第二册　桥梁工程》、《第三册　给水工程》、《第四册　排水工程》、《第五册　防洪堤防工程》、《第六册　隧道工程》、《第七册　燃气工程》、《第八册　集中供热热力网工程》、《第九册　路灯工程》、《第十册　垃圾处理工程》。

五、本指标分综合指标和分项指标。综合指标包括建筑安装工程费、设备购置费、工程建设其他费用、基本预备费；分项指标包括建筑安装工程费、设备购置费。

（一）建筑安装工程费由直接费和综合费用组成。直接费由人工费、材料费、机械费组成。将《建筑安装工程费用项目组成》中的措施费（环境保护、文明施工、安全施工、临时设施、夜间施工的内容）按比例（见费率取定表）分别摊入人工费、材料费和机械费。二次搬运、大型机械设备进出场及安装拆除、混凝土和钢筋混凝土模板及支架、脚手架编入直接工程费。综合费用由间接费、利润和税金组成。

（二）设备购置费依据设计文件规定，其价格由设备原价+设备运杂费组成，设备运杂费指除设备原价之外的设备采购、运输、包装及仓库保管等方面支出费用的总和。

（三）工程建设其他费用包括：建设管理费、可行性研究费、研究试验费、勘察设计费、环境影响评价费、场地准备及临时设施费、工程保险费、联合试运转费、生产准备及开办费。按国家现行有关统一规定程序计算。

（四）预备费包括基本预备费和价差预备费。基本预备费系指在投资估算阶段不可预见的工程费用。

六、本指标的编制期价格、费率取定：

（一）价格取定。人工工资综合单价按北京地区 2004 年 31.03 元/工日；材料价格、机械台班单价按北京地区 2004 年价格。

（二）费率取定。

1. 将措施费分别摊入人工费、材料费和机械费。措施费费率见下表。

项目	道路	桥梁	给水	排水	防洪堤防	隧道		燃气	热力	路灯
						岩石	软土			
费率（%）	4.10	4.40	6.00	6.00	4.00	5.08	5.08	6.00	4.00	4.00

计费基数：人工费+材料费+机械费。

分摊比例：其中人工费 8%，材料费 87%，机械费 5%，分别按比例计算。

2. 综合费用费率见下表。

项目	道路	桥梁	给水	排水	防洪堤防	隧道		燃气	热力	路灯
						岩石	软土			
费率（%）	22.78	22.90	21.30	21.30	21.00	27.68	27.68	21.30	21.30	21.00

计费基数：估算指标直接费。

3. 工程建设其他费用费率。工程建设其他费用费率按 10%～15%确定。具体数值由各册根据专业以及国家规定的收费标准测算确定，并在册说明中说明。

计费基数：建筑安装工程费+设备购置费。

4. 基本预备费费率按 8%确定。

计费基数：建筑安装工程费+设备购置费+工程建设其他费用。

5.《第十册 垃圾处理工程》的费率见分册说明。

七、本指标计算程序见下表。

综合指标计算程序

序号	项目	取费基数及计算式
	指标基价	一+二+三+四
一	建筑安装工程费	4+5
1	人工费小计	—
2	材料费小计	—
3	机械费小计	—
4	直接费小计	1+2+3
5	综合费用	4×综合费用费率
二	设备购置费	原价+设备运杂费
三	工程建设其他费用	（一+二）×工程建设其他费用费率
四	基本预备费	（一+二+三）×8%

分项指标计算程序

序号	项目	取费基数及计算式
	指标基价	一+二
一	建筑安装工程费	（四）+（五）
1	人工费	—
2	措施费分摊	（1+3+5）×措施费费率×8%
（一）	人工费小计	1+2
3	材料费	—
4	措施费分摊	（1+3+5）×措施费费率×87%
（二）	材料费小计	3+4
5	机械费	—
6	措施费分摊	（1+3+5）×措施费费率×5%
（三）	机械费小计	5+6
（四）	直接费小计	（一）+（二）+（三）
（五）	综合费用	（四）×综合费用费率
二	设备购置费	原价+设备运杂费

八、本指标的使用。本指标中的人工、材料、机械费的消耗量原则上不作调整。使用本指标时可按指标消耗量及工程所在地当时当地市场价格并按照规定的计算程序和方法调整指标，费率可参照指标确定，也可按各级建设行政主管部门发布的费率调整。

具体调整办法如下：

（一）建筑安装工程费的调整。

1. 人工费：以指标人工工日数乘以当时当地造价管理部门发布的人工单价确定。

2. 材料费：以指标主要材料消耗量乘以当时当地造价管理部门发布的相应材料价格确定。

$$\text{其他材料费}=\text{指标其他材料费}\times\frac{\text{调整后的主要材料费}}{\text{指标（材料费小计}-\text{其他材料费}-\text{材料费中措施费分摊）}}$$

3. 机械费：列出主要机械台班消耗量的调整方式：以指标主要机械台班消耗量乘以当时当地造价管理部门发布的相应机械台班价格确定。

$$\text{其他机械费}=\text{指标其他机械费}\times\frac{\text{调整后的主要机械费}}{\text{指标（机械费小计}-\text{其他机械费}-\text{机械费中措施费分摊）}}$$

未列出主要机械台班消耗量的调整方式：

$$\text{机械费}=\text{指标机械费}\times\frac{\text{调整后的（人工费}+\text{材料费）}}{\text{指标（人工费}+\text{材料费）}}$$

4. 直接费：调整后的直接费为调整后的人工费、材料费、机械费之和。

5. 综合费用：综合费用的调整应按当时当地不同工程类别的综合费率计算。计算公式如下：

综合费用=调整后的直接费×当时当地的综合费率

6. 建筑安装工程费：

建筑安装工程费=调整后的（直接费+综合费用）

（二）设备购置费的调整。指标中列有设备购置费的，按主要设备清单，采用当时当地的设备价格或上涨幅度进行调整。

（三）工程建设其他费用的调整。工程建设其他费用的调整，按国家规定的不同工程类别的工程建设其他费用费率计算。计算公式如下：

工程建设其他费用=调整后的（建筑安装工程费+设备购置费）

× 国家规定的工程建设其他费用费率

（四）基本预备费的调整。

基本预备费=调整后的（建筑安装工程费+设备购置费+工程建设其他费用）

×基本预备费费率

（五）指标基价的调整。

指标基价=调整后的（建筑安装工程费+设备购置费+工程建设其他费用

+基本预备费）

九、建设项目投资估算编制。编制建设项目投资估算，应按上述办法调整。指标中未列费用可根据有关规定调整。

十、本指标中指标编号为“×Z-×××”或“×F-×××”，除注明用英文字母表示外，均用阿拉伯数字表示。

其中：“-”线前部分×表示分册，Z 表示综合指标，F 表示分项指标；

“-”线后部分×××表示划分序号，同一部分顺序编号。

十一、本指标中注明“××以内”或“××以下”者，均包括××本身；而注明“××以外”或“××以上”者，均不包括××本身。

册 说 明

《市政工程投资估算指标》第六册《隧道工程》(以下简称本册估算指标)分为两大部分。A. 岩石隧道工程；B. 软土隧道工程。

本指标是根据隧道工程设计规范、安全操作规程、质量验收标准，以及近年来全国各地有代表性工程，在初步设计阶段反映的技术经济指标，并参照公路、铁路有关技术经济参数，经调查研究、归纳分析后编制而成。

A. 岩石隧道工程

1. 岩石隧道适用于城镇范围内新建、扩建的车行、人行、给排水及电缆隧道工程。

本册指标岩石隧道主要依据的标准和规范有：

(1) 建设部、财政部文件“有关印发《建筑安装工程费用项目组成》的通知”(建标[2003]206号)；

(2)《建设项目总投资及其他费用项目组成规定》(送审稿)；

(3)《全国市政工程投资估算指标》(1996年)；

(4)《建设工程工程量清单计价规范》(GB 50500—2003)；

(5)《全国统一建筑工程基础定额》(GJD—101—95)；

(6)《公路建设项目环境影响评价规范》(JTGB 03—2006)；

(7)《公路隧道通风照明设计规范》(026.1—1999)；

(8)《公路隧道施工技术规范》(JTJ 042—94)；

(9)《公路工程质量检验评定标准(土建工程)》(JTGF 80/1—2004)；

(10)《公路工程施工安全技术规程》(JTJ 076—95)；

(11) 参考各省市相关行业概预算定额、投资估算指标；

(12) 有代表性的已竣工典型工程项目及相关资料。

2. 岩石隧道中岩石紧固系数是按 $4 \leqslant f \leqslant 18$ 进行编制的，紧固系数与本指标不同时，应编制补充指标。

3. 岩石隧道适用于开挖坡度在5°以内的岩石隧道工程；分项指标中的地沟开挖，只适用于独立开挖的地沟，非独立开挖的地沟不得执行本分项指标。

4. 岩石隧道按洞身长度2000m以内，洞外出碴长度1000m以内编制，若洞身长度增加，每增加500m(不足500m时按500m计算)，人工工日及机械台班数量增加5%。

5. 岩石隧道由以下指标组成：

(1) 综合指标：反映每延长米岩石隧道工程综合投资估算指标。

(2) 分项指标：反映岩石隧道工程分项投资估算指标。

(3) 附录：综合指标数量含量表，主要材料、机械、设备单价取定表及应用案例。

6. 综合指标内容包括：隧道开挖及出碴、隧道临时支护、隧道衬砌、洞门等实体工作内容及为保证完成隧道施工所必须的临时工程、监控量测 、脚手架及模板、支撑等措施项目。不包括：洞门施工、洞内道路、人行道、各类管道、洞内装饰及各类设备安装。

7. 分项指标内容包括：隧道开挖与洞内出碴、石方洞内运输、洞外石方运输、型钢支撑（工字钢）、钢筋格栅支撑、支撑间连接钢筋、ϕ22 药卷锚杆等分项工程。不包括：洞内照明安装、洞内装饰、各类设备安装及警示标志安装。

8. 岩石隧道指标费用标准：

（1）措施费按人工费、材料费、机械费之和的5.08%计取。按比例分别摊入人工费、材料费、机械费。

（2）建筑安装工程综合费按指标直接费的27.68%计取。

（3）工程建设其他费按建筑安装工程费和设备购置费之和的15%计取。

（4）基本预备费按建筑安装工程费、设备购置费、工程建设其他费之和的8%计取。

9. 岩石隧道按无地下水考虑，若在地下水位以下施工，发生的措施费应另行补充指标单价。

10. 由于地质条件较差出现溶洞或塌方造成的损失及处理塌方和溶洞发生的费用本指标未考虑，发生时应根据实际情况进行补充。

11. 岩石隧道混凝土是按商品混凝土进行编制的，若实际使用的混凝土与本部分岩石隧道指标不同时可作调整。

12. 岩石隧道开挖是按电力起爆编制的，若采用火雷管导火索起爆时，可按以下规定换算：电雷管换算为火雷管，数量不变，将指标中的胶质线扣除，增加导火索，导火索的长度按每个雷管2.12m 计算。

13. 岩石隧道中“隧道洞门、临时工程、隧道监控”三项费用是按典型工程综合测算的，其他材料费、三项费用（隧道洞门、临时工程、隧道监控）按下列公式调整：

$$\text{其他材料费、三项费用}=\text{指标（其他材料费、三项费用）}\times\frac{\text{调整后的主要材料费}}{\text{指标(材料费小计}-\text{其他材料费}-\text{三项费用}-\text{材料费中措施费分摊)}}$$

计算规则：

综合指标： 按隧道中线的长度，以“延长米”计算。隧道断面按隧道净断面确定。

分项指标：按隧道净空体积以“立方米”计算。

B. 软土隧道工程

1. 软土隧道适用于城市范围内，在软土地基中新建、扩建的各种交通隧道、地铁隧道、越江隧道、给排水隧道、电缆隧道等。指标中圆形隧道的开挖，采用刀盘式土压平衡和泥水平衡盾构掘进机施工。

本册指标软土隧道主要依据的标准和规范有：

（1）《城市道路交通规划设计规范》（GB 50220—95）；

（2）《公路隧道交通工程设计规范》（JTG/TD 71—2004）；

（3）《公路隧道设计规范》（JTGD 70—2004）；

（4）《建筑地基基础设计规范》（GB 50007—2002）；

（5）《全国市政工程投资估算指标》（1996 年）；

（6）《全国统一市政工程预算定额》（1999 年）；

（7）《全国统一安装工程预算定额》（2000 年）。

2. 软土隧道分为三个部分：

（1）综合指标：反映每延长米（座）软土隧道工程综合投资估算指标。

（2）分项指标：反映软土隧道工程分项投资估算指标。

（3）附录：反映软土综合指标的主要经济指标，主要材料、机械、设备单价取定表及应用案例。

3. 软土层隧道项目、子目划分原则。

综合指标：按工程实体项目名称列项，以项目建议书及可行性研究报告阶段所能提供的工程项目和工程量为依据，分为敞开段隧道、暗埋段隧道、圆形隧道、工作井等，并按隧道断面划分项目。

分项指标：以工程主要结构分部为依据，与国家标准《建设工程工程量清单计价规范》GB 50500 的项目划分相配套，分为地下墙、SMW 工法、沉井、盾构掘进、垂直顶升、地下结构等。并按结构的规模划分子目。

4. 有关数据取定的说明。

综合指标中，矩形隧道分为二车道、四车道和六车道。其隧道主体结构宽度定为 9m、18m 和 27m。矩形隧道施工的围护方法，随着开挖深度变化取定为：搅拌桩围护、SMW 工法围护和地下连续墙围护。

综合指标中，圆形隧道分为土压平衡盾构掘进、泥水平衡盾构掘进，并按盾构直径划分为七个步距。$D\leqslant4$m、$D\leqslant5$m、$D\leqslant6$m 的盾构适用于取水、排水隧道、电力电缆隧道工程；$D\leqslant7$m 和 $2\times D6.2$m 双圆盾构适用于地铁隧道；$D\leqslant11$m、$D\leqslant15$m 的盾构适用于公路隧道。直径 7m 以下的隧道，其内部结构包括弓底混凝土及内壁防水层；$D\leqslant11$m 的隧道，其内部结构包括二车道混凝土结构及内壁防水层；$D\leqslant15$m 的隧道，其内部结构按三车道考虑。

分项指标中，计量单位以“立方米”表示的项目，其体积指设计图计算的实物量。指标水平已包括预算定额说明中允许增加的增加量和定额消耗量。沉井下沉的计量单位“立方米”是指沉井下沉中排开周围土体的体积。洞口处理（柔性接缝环）计量单位“处”是指：圆形隧道与盾构工作井相交的接缝环。管片制作、密封条、嵌缝的计量单位为“环”，每环的尺寸按下表取定：

单位：m

盾构直径	$D\leqslant4$	$D\leqslant5$	$D\leqslant6$	$D\leqslant7$	$D\leqslant11$	$D\leqslant15$	$2\times D6.2$
管片宽度	0.80	0.90	1.00	1.20	1.50	2.00	1.20
管片厚度	0.25	0.30	0.30	0.35	0.48	0.60	0.35

5. 费用计取：

（1）软土层隧道中建筑安装工程费含有 5.08%的措施费，计费基数：人工费+材料费+机械费。分摊比例：人工费占 8%、材料费占 87%、机械费占 5%。

（2）建筑安装工程综合费：地下连续墙、SMW 工法、搅拌桩、灌注桩子目按 22.90%计，其余子目按27.68%计。计费基数：指标直接费。

（3）工程建设其他费用按12.5%计。计费基数：建筑安装工程费+设备购置费。

（4）基本预备费按8%计。计费基数：建筑安装工程费+设备购置费+工程建设其他费。

目　　录

A　岩石隧道工程

B　软土隧道工程

A 岩石隧道工程

A.1 岩石隧道工程综合指标

说　明

本章综合指标是以岩石隧道工程项目为依据编制的。按隧道断面划分，以隧道的净断面（每平方米）计算投资指标估算价格。

一、岩石隧道工程按围岩类别分：坚石和次坚石；按净断面大小分：$4m^2$以内、$6m^2$以内、$10m^2$以内、$20m^2$以内、$35m^2$以内、$65m^2$以内、$100m^2$以内、$120m^2$以内、$150m^2$以内。

二、隧道工程主要内容包括：洞身开挖、初期支护、二次衬砌、仰拱及填充、钢筋制作安装、洞门工程、临时设施工程、隧道施工监控量测、隧道使用期间设施。

三、隧道工程长度按洞身 2000m 以内计算，洞外弃碴运距按 1km 以内计算。如与实际不符，均按本册岩石隧道分项指标中石方洞外运输执行。其调整方法详见附录：岩石隧道工程投资估算应用案例（“应用综合指标编制估算指标”）。

四、计算规则：

1. 岩石隧道断面划分范围：以隧道达到通行条件后的净断面划分。

2. 以净断面划分后的“每延长米”长度为计量单位。

A.1.1　4m² 以内岩石隧道工程

工程内容： 石方开挖及洞内、外运输；喷射混凝土及钢筋混凝土锚喷；型钢及钢筋格栅支护；混凝土及钢筋混凝土拱顶、墙身、仰拱及填充；钢筋制作、安装；洞内防、排水处理；洞内临时通风、照明、排水；隧道洞门、临时工程、隧道监控等。

单位：m

指标编号				6AZ-001		6AZ-002	
项目			单位	断面 $4m^2$ 以内			
				次坚石	占指标基价（%）	普坚石	占指标基价（%）
指标基价			元	22800	100.00	21429	100.00
一、建筑安装工程费			元	18358	80.52	17254	80.52
二、设备购置费			元	—	—	—	—
三、工程建设其他费用			元	2754	12.08	2588	12.08
四、基本预备费			元	1689	7.41	1587	7.41
建筑安装工程费							
直接费	人工费	人工	工日	68	—	63	—
		措施费分摊	元	56	—	52	—
		人工费小计	元	2156	9.45	2010	9.38
	材料费	合金钻头	个	0.78	—	0.97	—
		硝铵炸药	kg	14.56	—	17.68	—
		电雷管	个	22.93	—	26.54	—
		胶质导线	m	5.84	—	5.78	—
		泵送商品混凝土 C20	m^3	3.38	—	3.04	—
		LDPE 防水卷材	m^2	5.40	—	4.01	—
		高压胶皮风管	m	0.89	—	1.27	—
		钢筋	kg	472.10	—	411.80	—
		型钢	t	0.02	—	0.02	—
		隧道洞门	元	164	—	252	—
		临时工程	元	531	—	531	—
		隧道监控	元	34	—	34	—
		其他材料费	元	1372	—	1083	—
		措施费分摊	元	605	—	568	—
		材料费小计	元	10334	45.32	9668	45.12
	机械费	混凝土搅拌机	台班	1.99	—	1.73	—
		混凝土喷射机 $4\sim6m^3/h$	台班	0.2	—	0.17	—
		电动空气压缩机 $10m^3/min$	台班	0.58	—	0.90	—
		工程钻机孔径 $\phi500$	台班	0.98	—	0.85	—
		混凝土输送泵车 $75m^3/h$	台班	0.23	—	0.20	—
		其他机械费	元	912	—	868	—
		措施费分摊	元	35	—	33	—
		机械费小计	元	1889	8.28	1835	8.56
	直接费小计		元	14378	—	13513	—
综合费用			元	3980	17.46	3740	17.46
合计			元	18358	—	17254	—

A.1.2 6m^{2}以内岩石隧道工程

工程内容： 石方开挖及洞内、外运输；喷射混凝土及钢筋混凝土锚喷；型钢及钢筋格栅支护；混凝土及钢筋混凝土拱顶、墙身、仰拱及填充；钢筋制作、安装；洞内防、排水处理；洞内临时通风、照明、排水；隧道洞门、临时工程、隧道监控等。

单位：m

指标编号				6AZ-003		6AZ-004	
				断面 6m^2 以内			
项目			单位	次坚石	占指标基价（%）	普坚石	占指标基价（%）
指标基价			元	27684	100.00	25789	100.00
一、建筑安装工程费			元	22290	80.52	20764	80.52
二、设备购置费			元	—	—	—	—
三、工程建设其他费用			元	3344	12.08	3115	12.08
四、基本预备费			元	2051	7.41	1910	7.41
建筑安装工程费							
直接费	人工费	人工	工日	75	—	70	—
		措施费分摊	元	68	—	63	—
		人工费小计	元	2401	8.67	2238	8.68
	材料费	合金钻头	个	1.06	—	1.32	—
		硝铵炸药	kg	19.85	—	24.11	—
		电雷管	个	31.27	—	36.19	—
		胶质导线	m	8.35	—	8.27	—
		泵送商品混凝土 C20	m^3	4.83	—	4.35	—
		LDPE 防水卷材	m^2	7.72	—	5.72	—
		高压胶皮风管	m	1.27	—	1.81	—
		钢筋	kg	674.40	—	588.30	—
		型钢	t	0.04	—	0.03	—
		隧道洞门	元	360	—	360	—
		临时工程	元	759	—	759	—
		隧道监控	元	48	—	48	—
		其他材料费	元	1960	—	1547	—
		措施费分摊	元	734	—	684	—
		材料费小计	元	12376	44.70	11426	44.30
	机械费	混凝土搅拌机	台班	2.85	—	2.47	—
		混凝土喷射机 4~6m^3/h	台班	0.28	—	0.24	—
		电动空气压缩机 10m^3/min	台班	0.80	—	1.22	—
		工程钻机孔径 ϕ500	台班	1.40	—	1.22	—
		混凝土输送泵车 75m^3/h	台班	0.32	—	0.29	—
		其他机械费	元	1303	—	1240	—
		措施费分摊	元	42	—	39	—
		机械费小计	元	2681	9.68	2599	10.08
	直接费小计		元	17458	—	16263	—
综合费用			元	4832	17.46	4502	17.46
合计			元	22290	—	20964	—

A.1.3 $10m^2$以内岩石隧道工程

工程内容： 石方开挖及洞内外运输；喷射混凝土及钢筋混凝土锚喷；型钢及钢筋格栅支护；混凝土及钢筋混凝土拱顶、墙身、仰拱及填充；钢筋制作、安装；洞内防、排水处理；洞内临时通风、照明、排水；隧道洞门、临时工程、隧道监控等。

单位：m

指标编号				6AZ-005		6AZ-006	
项目			单位	断面 $10m^2$ 以内			
				次坚石	占指标基价（%）	普坚石	占指标基价（%）
指标基价			元	34617	100.00	32015	100.00
一、建筑安装工程费			元	27872	80.52	25777	80.52
二、设备购置费			元	—	—	—	—
三、工程建设其他费用			元	4181	12.08	3867	12.08
四、基本预备费			元	2564	7.41	2371	7.41
建筑安装工程费							
直接费	人工费	人工	工日	84	—	78	—
		措施费分摊	元	84	—	78	—
		人工费小计	元	2677	7.73	2495	7.79
	材料费	合金钻头	个	1.61	—	2.00	—
		硝铵炸药	kg	30.07	—	36.53	—
		电雷管	个	47.38	—	54.84	—
		胶质导线	m	13.30	—	13.17	—
		泵送商品混凝土 C20	m^3	6.90	—	6.21	—
		LDPE 防水卷材	m^2	11.03	—	8.18	—
		高压胶皮风管	m	1.82	—	2.59	—
		钢筋	kg	963.40	—	840.50	—
		型钢	t	0.05	—	0.05	—
		隧道洞门	元	514	—	514	—
		临时工程	元	1084	—	1084	—
		隧道监控	元	69	—	69	—
		其他材料费	元	2800	—	2210	—
		措施费分摊	元	918	—	849	—
		材料费小计	元	15312	44.23	13960	43.61
	机械费	混凝土搅拌机	台班	4.07	—	3.53	—
		混凝土喷射机 4~6m^3/h	台班	0.40	—	0.35	—
		电动空气压缩机 10m^3/min	台班	1.20	—	1.85	—
		工程钻机孔径 ϕ500	台班	2.01	—	1.74	—
		混凝土输送泵车 75m^3/h	台班	0.46	—	0.42	—
		其他机械费	元	1861	—	1772	—
		措施费分摊	元	53	—	49	—
		机械费小计	元	3840	11.09	3733	11.66
	直接费小计		元	21829	—	20189	—
综合费用			元	6042	17.46	5588	17.46
合计			元	27872	—	25777	—

A.1.4 20m² 以内岩石隧道工程

工程内容： 石方开挖及洞内、外运输；喷射混凝土及钢筋混凝土锚喷；型钢及钢筋格栅支护；混凝土及钢筋混凝土拱顶、墙身、仰拱及填充；钢筋制作、安装；洞内防、排水处理；洞内临时通风、照明、排水；隧道洞门、临时工程、隧道监控等。

单位：m

指标编号				6AZ-007		6AZ-008	
项目			单位	断面 $20m^2$ 以内			
				次坚石	占指标基价（%）	普坚石	占指标基价（%）
指标基价			元	45923	100.00	42290	100.00
一、建筑安装工程费			元	36975	80.52	34050	80.52
二、设备购置费			元	—	—	—	—
三、工程建设其他费用			元	5546	12.08	5107	12.08
四、基本预备费			元	3402	7.41	3133	7.41
建筑安装工程费							
直接费	人工费	人工	工日	119	—	111	—
		措施费分摊	元	112	—	103	—
		人工费小计	元	3816	8.31	3556	8.41
	材料费	合金钻头	个	2.68	—	3.33	—
		硝铵炸药	kg	50.12	—	60.88	—
		电雷管	个	78.96	—	91.39	—
		胶质导线	m	24.54	—	24.30	—
		泵送商品混凝土 C20	m^3	9.86	—	8.87	—
		LDPE 防水卷材	m^2	15.76	—	11.68	—
		高压胶皮风管	m	2.60	—	3.70	—
		钢筋	kg	1376.30	—	1200.70	—
		型钢	t	0.07	—	0.06	—
		隧道洞门	元	735	—	735	—
		临时工程	元	1550	—	1550	—
		隧道监控	元	98	—	98	—
		其他材料费	元	4000	—	3156	—
		措施费分摊	元	1218	—	1122	—
		材料费小计	元	19586	42.65	17666	41.77
	机械费	混凝土搅拌机	台班	5.81	—	5.04	—
		混凝土喷射机 4~6m^3/h	台班	0.57	—	0.50	—
		电动空气压缩机 10m^3/min	台班	2.01	—	3.08	—
		工程钻机孔径 ϕ500	台班	2.86	—	2.48	—
		混凝土输送泵车 75m^3/h	台班	0.66	—	0.59	—
		其他机械费	元	2658	—	2531	—
		措施费分摊	元	70	—	64	—
		机械费小计	元	5557	12.10	5446	12.88
	直接费小计		元	28959	—	26668	—
综合费用			元	8016	17.46	7382	17.46
合计			元	36975	—	34050	—

A.1.5　30m² 以内岩石隧道工程

工程内容：石方开挖及洞内外运输；喷射混凝土及钢筋混凝土锚喷；型钢及钢筋格栅支护；混凝土及钢筋混凝土拱顶、墙身、仰拱及填充；钢筋制作、安装；洞内防、排水处理；洞内临时通风、照明、排水；隧道洞门、临时工程、隧道监控等。

单位：m

指标编号			单位	6AZ-009		6AZ-010	
项目				断面 30m² 以内			
				次坚石	占指标基价（%）	普坚石	占指标基价（%）
指标基价			元	53614	100.00	49263	100.00
一、建筑安装工程费			元	43167	80.52	39664	80.52
二、设备购置费			元	—	—	—	—
三、工程建设其他费用			元	6475	12.08	5950	12.08
四、基本预备费			元	3971	7.41	3649	7.41
建筑安装工程费							
直接费	人工费	人工	工日	144	—	134	—
		措施费分摊	元	131	—	120	—
		人工费小计	元	4593	8.57	4280	8.69
	材料费	合金钻头	个	3.35	—	4.16	—
		硝铵炸药	kg	62.66	—	76.10	—
		电雷管	个	98.71	—	114.24	—
		胶质导线	m	34.25	—	33.92	—
		泵送商品混凝土 C20	m³	11.88	—	10.69	—
		LDPE 防水卷材	m²	18.98	—	14.07	—
		高压胶皮风管	m	3.13	—	4.46	—
		钢筋	kg	1658.30	—	1446.60	—
		型钢	t	0.09	—	0.08	—
		隧道洞门	元	885	—	885	—
		临时工程	元	1867	—	1867	—
		隧道监控	元	118	—	118	—
		其他材料费	元	4819	—	3803	—
		措施费分摊	元	1422	—	1307	—
		材料费小计	元	22499	41.96	20190	40.98
	机械费	混凝土搅拌机	台班	7.00	—	6.07	—
		混凝土喷射机 4~6m³/h	台班	0.69	—	0.60	—
		电动空气压缩机 10m³/min	台班	2.51	—	3.86	—
		工程钻机孔径 ϕ500	台班	3.45	—	2.99	—
		混凝土输送泵车 75m³/h	台班	0.79	—	0.72	—
		其他机械费	元	3203	—	3050	—
		措施费分摊	元	82	—	75	—
		机械费小计	元	6717	12.53	6596	13.39
	直接费小计		元	33809	—	31065	—
综合费用			元	9358	17.46	8599	17.46
合计			元	43167	—	39664	—

A.1.6 65m² 以内岩石隧道工程

工程内容：石方开挖及洞内、外运输；喷射混凝土及钢筋混凝土锚喷；型钢及钢筋格栅支护；混凝土及钢筋混凝土拱顶、墙身、仰拱及填充；钢筋制作、安装；洞内防、排水处理；洞内临时通风、照明、排水；隧道洞门、临时工程、隧道监控等。

单位：m

		指标编号		6AZ-011		6AZ-012	
				断面 65m² 以内			
		项目	单位	次坚石	占指标基价（%）	普坚石	占指标基价（%）
		指标基价	元	69524	100.00	64055	100.00
		一、建筑安装工程费	元	55978	80.52	51574	80.52
		二、设备购置费	元	—	—	—	—
		三、工程建设其他费用	元	8397	12.08	7736	12.08
		四、基本预备费	元	5150	7.41	4745	7.41
		建筑安装工程费					
直接费	人工费	人工	工日	192	—	179	—
		措施费分摊	元	170	—	156	—
		人工费小计	元	6129	8.81	5703	8.90
	材料费	合金钻头	个	6.63	—	8.01	—
		硝铵炸药	kg	113.13	—	137.41	—
		电雷管	个	178.22	—	206.26	—
		胶质导线	m	69.57	—	68.89	—
		泵送商品混凝土 C20	m^3	15.83	—	14.25	—
		LDPE 防水卷材	m^2	25.31	—	18.77	—
		高压胶皮风管	m	4.17	—	5.95	—
		钢筋	kg	2211.00	—	1928.80	—
		型钢	t	0.12	—	0.10	—
		隧道洞门	元	767	—	767	—
		临时工程	元	2489	—	2489	—
		隧道监控	元	157	—	157	—
		其他材料费	元	6425	—	5071	—
		措施费分摊	元	1844	—	1699	—
		材料费小计	元	28444	40.91	25412	39.67
	机械费	混凝土搅拌机	台班	9.33	—	8.10	—
		混凝土喷射机 4~6m^3/h	台班	0.92	—	0.80	—
		电动空气压缩机 10m^3/min	台班	4.53	—	6.96	—
		工程钻机孔径 ϕ500	台班	4.60	—	3.98	—
		混凝土输送泵车 75m^3/h	台班	1.06	—	0.96	—
		其他机械费	元	4271	—	4066	—
		措施费分摊	元	106	—	98	—
		机械费小计	元	9269	13.33	9278	14.48
		直接费小计	元	43833	—	40393	—
		综合费用	元	12136	17.46	11181	17.46
		合计	元	55978	—	51574	—

A.1.7 100m^{2}以内岩石隧道工程

工程内容：石方开挖及洞内、外运输；喷射混凝土及钢筋混凝土锚喷；型钢及钢筋格栅支护；混凝土及钢筋混凝土拱顶、墙身、仰拱及填充；钢筋制作、安装；洞内防、排水处理；洞内临时通风、照明、排水；隧道洞门、临时工程、隧道监控等。

单位：m

指标编号				6AZ-013		6AZ-014	
项目			单位	断面100m^{2}以内			
				次坚石	占指标基价（%）	普坚石	占指标基价（%）
指标基价			元	82080	100.00	75066	100.00
一、建筑安装工程费			元	66087	80.52	60439	80.52
二、设备购置费			元	—	—	—	—
三、工程建设其他费用			元	9913	12.08	9066	12.08
四、基本预备费			元	6080	7.41	5560	7.41
建筑安装工程费							
直接费	人工费	人工	工日	211	—	197	—
		措施费分摊	元	200	—	183	—
		人工费小计	元	6745	8.22	6284	8.37
	材料费	合金钻头	个	8.39	—	10.40	—
		硝铵炸药	kg	156.64	—	190.26	—
		电雷管	个	246.76	—	285.60	—
		胶质导线	m	103.47	—	102.46	—
		泵送商品混凝土C20	m^3	19.00	—	17.10	—
		LDPE防水卷材	m^2	30.37	—	22.71	—
		高压胶皮风管	m	5.01	—	7.14	—
		钢筋	kg	2653.20	—	2314.60	—
		型钢	t	0.14	—	0.12	—
		隧道洞门	元	920	—	920	—
		临时工程	元	2987	—	2987	—
		隧道监控	元	189	—	189	—
		其他材料费	元	7710	—	6085	—
		措施费分摊	元	2177	—	1991	—
		材料费小计	元	33192	40.44	29578	39.40
	机械费	混凝土搅拌机	台班	11.2	—	9.72	—
		混凝土喷射机4~6m^3/h	台班	1.10	—	0.96	—
		电动空气压缩机10m^3/min	台班	6.27	—	9.64	—
		工程钻机孔径ϕ500	台班	5.53	—	4.78	—
		混凝土输送泵车75m^3/h	台班	1.56	—	1.15	—
		其他机械费	元	5125	—	4880	—
		措施费分摊	元	125	—	114	—
		机械费小计	元	11823	14.40	11474	15.29
	直接费小计		元	51760	—	47337	—
综合费用			元	14327	17.46	13103	17.46
合计			元	66087	—	60439	—

A.1.8 120m^{2}以内岩石隧道工程

工程内容： 石方开挖及洞内、外运输；喷射混凝土及钢筋混凝土锚喷；型钢及钢筋格栅支护；混凝土及钢筋混凝土拱顶、墙身、仰拱及填充；钢筋制作、安装；洞内防、排水处理；洞内临时通风、照明、排水；隧道洞门、临时工程、隧道监控等。

单位：m

指标编号				6AZ-015		6AZ-016	
项目			单位	断面120m^{2}以内			
				次坚石	占指标基价（%）	普坚石	占指标基价（%）
指标基价			元	89035	100.00	82077	100.00
一、建筑安装工程费			元	71687	80.52	66085	80.52
二、设备购置费			元	—	—	—	—
三、工程建设其他费用			元	10753	12.08	9913	12.08
四、基本预备费			元	6595	7.41	6080	7.41
建筑安装工程费							
直接费	人工费	人工	工日	232	—	216	—
		措施费分摊	元	217	—	200	—
		人工费小计	元	7417	8.33	6912	8.42
	材料费	合金钻头	个	9.06	—	11.23	—
		硝铵炸药	kg	168.95	—	205.58	—
		电雷管	个	266.51	—	308.45	—
		胶质导线	m	120.31	—	119.15	—
		泵送商品混凝土C20	m^3	21.09	—	18.98	—
		LDPE防水卷材	m^2	33.71	—	25.00	—
		高压胶皮风管	m	5.56	—	7.92	—
		钢筋	kg	2945.10	—	2569.20	—
		型钢	t	0.16	—	0.14	—
		隧道洞门	元	1572	—	1572	—
		临时工程	元	3315	—	3315	—
		隧道监控	元	210	—	210	—
		其他材料费	元	8558	—	6754	—
		措施费分摊	元	2361	—	2177	—
		材料费小计	元	36188	40.65	32188	39.22
	机械费	混凝土搅拌机	台班	12.43	—	10.79	—
		混凝土喷射机4~6m^3/h	台班	1.22	—	1.06	—
		电动空气压缩机10m^3/min	台班	6.78	—	10.42	—
		工程钻机孔径ϕ500	台班	6.13	—	5.31	—
		混凝土输送泵车75m^3/h	台班	1.41	—	1.27	—
		其他机械费	元	5688	—	5416	—
		措施费分摊	元	136	—	125	—
		机械费小计	元	12540	14.08	12659	15.42
	直接费小计		元	56146	—	51758	—
综合费用			元	15541	17.46	14327	17.46
合计			元	71687	—	66085	—

A.1.9 150m² 以内岩石隧道工程

工程内容： 石方开挖及洞内外运输；喷射混凝土及钢筋混凝土锚喷；型钢及钢筋格栅支护；混凝土及钢筋混凝土拱顶、墙身、仰拱及填充；钢筋制作、安装；洞内防、排水处理；洞内临时通风、照明、排水；隧道洞门、临时工程、隧道监控等。

单位：m

指标编号			单位	6AZ-017		6AZ-018	
项目				断面 150m² 以内			
				次坚石	占指标基价（%）	普坚石	占指标基价（%）
指标基价			元	100001	100.00	95113	100.00
一、建筑安装工程费			元	80516	80.52	76581	80.52
二、设备购置费			元	—	—	—	—
三、工程建设其他费用			元	12077	12.08	11487	12.08
四、基本预备费			元	7407	7.41	7045	7.41
建筑安装工程费							
直接费	人工费	人工	工日	255	—	238	—
		措施费分摊	元	244	—	232	—
		人工费小计	元	8163	8.16	7615	8.01
	材料费	合金钻头	个	10.19	—	12.63	—
		硝铵炸药	kg	190.32	—	231.17	—
		电雷管	个	299.82	—	347.01	—
		胶质导线	m	146.06	—	144.65	—
		泵送商品混凝土 C20	m³	25.31	—	22.77	—
		LDPE 防水卷材	m²	40.46	—	29.99	—
		高压胶皮风管	m	6.67	—	9.51	—
		钢筋	kg	3534.10	—	3083.00	—
		型钢	t	0.19	—	0.17	—
		隧道洞门	元	1226	—	1226	—
		临时工程	元	3978	—	3978	—
		隧道监控	元	251	—	251	—
		其他材料费	元	10270	—	8105	—
		措施费分摊	元	2652	—	2523	—
		材料费小计	元	42116	42.12	37388	39.31
	机械费	混凝土搅拌机	台班	12.43	—	12.95	—
		混凝土喷射机 4~6m³/h	台班	1.22	—	1.28	—
		电动空气压缩机 10m³/min	台班	7.62	—	11.72	—
		工程钻机孔径 ϕ500	台班	6.13	—	6.37	—
		混凝土输送泵车 75m³/h	台班	1.41	—	1.53	—
		其他机械费	元	5688	—	6500	—
		措施费分摊	元	152	—	145	—
		机械费小计	元	12781	12.78	14976	15.75
	直接费小计		元	63061	—	59979	—
综合费用			元	17455	17.46	16602	17.46
合计			元	80516	—	76581	—

A.2　岩石隧道工程分项指标

说　明

本章分项指标是以岩石隧道工程主要结构部分为依据编制的。分为石方开挖、石方洞内运输、石方洞外运输、钢支撑、锚杆、注浆导管、钢筋网、喷射混凝土、防排水、仰拱及填充、二次衬砌几个部分，又按各自的结构内容和断面大小细分，共28个分项。

一、洞身石方开挖按围岩石类别分坚石和次坚石；按净断面大小分：$4m^2$以内、$6m^2$以内、$10m^2$以内、$20m^2$以内、$35m^2$以内、$65m^2$以内、$100m^2$以内、$120m^2$以内、$150m^2$以内。已经综合考虑了不同断面形式的开挖方法。

二、钢支撑按常规使用的型钢支撑和钢筋格栅支撑两种划分。

三、锚杆按常规使用的药卷锚杆和中空锚杆两种划分，其锚杆的规格可以进行代换。

四、防排水按常规隧道的防水和排水划分。

五、二次衬砌包括了常规的混凝土、模板、钢筋等工序。

六、所有混凝土的强度等级可以进行代换。

A.2.1　$4m^2$以内隧道石方开挖

工程内容：开挖与洞内出碴、选孔位、钻孔、装药、放炮、安全处理、爆破材料的领退。

单位：$100m^3$

指标编号				6AF-001		6AF-002	
				断面 $4m^2$ 以内			
项目			单位	次坚石	占指标基价（%）	普坚石	占指标基价（%）
指标基价			元	15029	100.00	20344	100.00
一、建筑安装工程费			元	15029	100.00	20344	100.00
二、设备购置费			元	—	—	—	—
建筑安装工程费							
直接费	人工费	人工	工日	73	—	101	—
		措施费分摊	元	46	—	62	—
		人工费小计	元	2301	15.31	3209	15.77
	材料费	电雷管	个	573.28	—	663.51	—
		硝铵炸药	kg	363.90	—	442.01	—
		胶质导线	m	145.92	—	144.49	—
		合金钻头	个	19.48	—	24.16	—
		六角空心钢	kg	31.02	—	38.52	—
		高压胶皮风管	m	9.43	—	14.39	—
		水	m^3	64.51	—	98.63	—
		电	kW·h	30.83	—	38.48	—
		其他材料费	元	491	—	504	—
		措施费分摊	元	495	—	670	—
		材料费小计	元	4353	28.97	5424	26.66
	机械费	风动凿岩机	台班	39.28	—	60.60	—
		风动锻钎机	台班	0.75	—	0.96	—
		电动空气压缩机 $10m^3/min$	台班	14.57	—	22.39	—
		轴流通风机 30kW	台班	9.17	—	9.77	—
		其他机械费	元	767	—	776	—
		措施费分摊	元	28	—	39	—
		机械费小计	元	5116	34.04	7300	35.88
	直接费小计		元	11771	—	15934	—
综合费用			元	3258	21.68	4411	21.68
合计			元	15029	—	20344	—

A.2.2　$6m^2$ 以内隧道石方开挖

工程内容：开挖与洞内出碴、选孔位、钻孔、装药、放炮、安全处理、爆破材料的领退。

单位：$100m^3$

指标编号			单位	6AF-003		6AF-004	
项目			单位	断面 $6m^2$ 以内			
				次坚石	占指标基价（%）	普坚石	占指标基价（%）
指标基价			元	13685	100.00	18522	100.00
一、建筑安装工程费			元	13685	100.00	18522	100.00
二、设备购置费			元	—	—	—	—
建筑安装工程费							
直接费	人工费	人工	工日	66	—	92	—
		措施费分摊	元	41	—	56	—
		人工费小计	元	2092	15.29	2917	15.75
	材料费	电雷管	个	521.16	—	603.19	—
		硝铵炸药	kg	330.82	—	401.83	—
		胶质导线	m	139.15	—	137.78	—
		合金钻头	个	17.71	—	21.97	—
		六角空心钢	kg	28.20	—	35.01	—
		高压胶皮风管	m	8.76	—	13.37	—
		水	m^3	58.64	—	89.66	—
		电	kW·h	28.03	—	34.98	—
		其他材料费	元	447	—	458	—
		措施费分摊	元	451	—	610	—
		材料费小计	元	3975	29.05	4952	26.74
	机械费	风动凿岩机	台班	35.71	—	55.09	—
		风动锻钎机	台班	0.68	—	0.87	—
		电动空气压缩机 $10m^3/min$	台班	13.25	—	20.36	—
		轴流通风机 30kW	台班	8.34	—	8.89	—
		其他机械费	元	698	—	705	—
		措施费分摊	元	26	—	35	—
		机械费小计	元	4651	33.99	6637	35.83
	直接费小计		元	10719	—	14507	—
综合费用			元	2967	21.68	4015	21.68
合计			元	13685	—	18522	—

A.2.3 10m² 以内隧道石方开挖

工程内容：开挖与洞内出碴、选孔位、钻孔、装药、放炮、安全处理、爆破材料的领退。

单位：100m³

指标编号			单位	6AF-005		6AF-006	
项目				断面 10m² 以内			
				次坚石	占指标基价（%）	普坚石	占指标基价（%）
指标基价			元	12464	100.00	16865	100.00
一、建筑安装工程费			元	12464	100.00	16865	100.00
二、设备购置费			元	—	—	—	—
建筑安装工程费							
直接费	人工费	人工	工日	60	—	84	—
		措施费分摊	元	38	—	51	—
		人工费小计	元	1902	15.26	2652	15.73
	材料费	电雷管	个	473.79	—	548.35	—
		硝铵炸药	kg	300.74	—	365.30	—
		胶质导线	m	132.99	—	131.68	—
		合金钻头	个	16.10	—	19.97	—
		六角空心钢	kg	25.63	—	31.83	—
		高压胶皮风管	m	8.15	—	12.44	—
		水	m³	53.31	—	81.51	—
		电	kW·h	25.48	—	31.80	—
		其他材料费	元	406	—	416	—
		措施费分摊	元	411	—	556	—
		材料费小计	元	3631	29.14	4523	26.82
	机械费	风动凿岩机	台班	32.46	—	50.09	—
		风动锻钎机	台班	0.62	—	0.79	—
		电动空气压缩机 10m³/min	台班	12.04	—	18.51	—
		轴流通风机 30kW	台班	7.58	—	8.08	—
		其他机械费	元	634	—	641	—
		措施费分摊	元	24	—	32	—
		机械费小计	元	4228	33.93	6034	35.78
	直接费小计		元	9762	—	13209	—
综合费用			元	2702	21.68	3656	21.68
合计			元	12464	—	16865	—

A.2.4 $20m^2$以内隧道石方开挖

工程内容：开挖与洞内出碴、选孔位、钻孔、装药、放炮、安全处理、爆破材料的领退。

单位：$100m^3$

指标编号				6AF-007		6AF-008	
项目			单位	断面 $20m^2$ 以内			
				次坚石	占指标基价（%）	普坚石	占指标基价（%）
指标基价			元	10428	100.00	14104	100.00
一、建筑安装工程费			元	10428	100.00	14104	100.00
二、设备购置费			元	—	—	—	—
建筑安装工程费							
直接费	人工费	人工	工日	50	—	70	—
		措施费分摊	元	32	—	43	—
		人工费小计	元	1585	15.20	2210	15.67
	材料费	电雷管	个	394.82	—	456.96	—
		硝铵炸药	kg	250.62	—	304.41	—
		胶质导线	m	122.72	—	121.52	—
		合金钻头	个	13.42	—	16.64	—
		六角空心钢	kg	21.36	—	26.53	—
		高压胶皮风管	m	7.14	—	10.90	—
		水	m^3	44.43	—	67.93	—
		电	kW·h	21.23	—	26.50	—
		其他材料费	元	338	—	347	—
		措施费分摊	元	344	—	465	—
		材料费小计	元	3058	29.33	3808	27.00
	机械费	风动凿岩机	台班	27.05	—	41.74	—
		风动锻钎机	台班	0.51	—	0.66	—
		电动空气压缩机 $10m^3/min$	台班	10.04	—	15.42	—
		轴流通风机 30kW	台班	6.32	—	6.73	—
		其他机械费	元	528	—	534	—
		措施费分摊	元	20	—	27	—
		机械费小计	元	3524	33.79	5028	35.65
	直接费小计		元	8167	—	11046	—
综合费用			元	2261	21.68	3058	21.68
合计			元	10428	—	14104	—

A.2.5 35m² 以内隧道石方开挖

工程内容：开挖与洞内出碴、选孔位、钻孔、装药、放炮、安全处理、爆破材料的领退。

单位：100m³

指标编号				6AF-009		6AF-010	
项目			单位	断面 35m² 以内			
				次坚石	占指标基价（%）	普坚石	占指标基价（%）
指标基价			元	8732	100.00	11802	100.00
一、建筑安装工程费			元	8732	100.00	11802	100.00
二、设备购置费			元	—	—	—	—
建筑安装工程费							
直接费	人工费	人工	工日	42	—	58	—
		措施费分摊	元	26	—	36	—
		人工费小计	元	1321	15.13	1842	15.61
	材料费	电雷管	个	329.02	—	380.80	—
		硝铵炸药	kg	208.85	—	253.68	—
		胶质导线	m	114.16	—	113.05	—
		合金钻头	个	11.18	—	13.87	—
		六角空心钢	kg	17.80	—	22.10	—
		高压胶皮风管	m	6.29	—	9.61	—
		水	m³	37.02	—	56.61	—
		电	kW·h	17.69	—	22.08	—
		其他材料费	元	282	—	289	—
		措施费分摊	元	288	—	389	—
		材料费小计	元	2581	29.56	3211	27.21
	机械费	风动凿岩机	台班	22.54	—	34.78	—
		风动锻钎机	台班	0.43	—	0.55	—
		电动空气压缩机 10m³/min	台班	8.36	—	12.85	—
		轴流通风机 30kW	台班	5.26	—	5.61	—
		其他机械费	元	440	—	445	—
		措施费分摊	元	17	—	22	—
		机械费小计	元	2937	33.63	4190	35.50
	直接费小计		元	6839	—	9244	—
综合费用			元	1893	21.68	2559	21.68
合计			元	8732	—	11802	—

A.2.6 $65m^2$以内隧道石方开挖

工程内容：开挖与洞内出碴、选孔位、钻孔、装药、放炮、安全处理、爆破材料的领退。

单位：$100m^3$

指标编号				6AF-011		6AF-012	
项目			单位	断面$65m^2$以内			
				次坚石	占指标基价（%）	普坚石	占指标基价（%）
指标基价			元	7318	100.00	9885	100.00
一、建筑安装工程费			元	7318	100.00	9885	100.00
二、设备购置费			元	—	—	—	—
建筑安装工程费							
直接费	人工费	人工	工日	35	—	49	—
		措施费分摊	元	22	—	30	—
		人工费小计	元	1101	15.05	1535	15.53
	材料费	电雷管	个	274.18	—	317.33	—
		硝铵炸药	kg	174.04	—	211.40	—
		胶质导线	m	107.03	—	105.99	—
		合金钻头	个	9.32	—	11.56	—
		六角空心钢	kg	14.83	—	18.42	—
		高压胶皮风管	m	5.59	—	8.53	—
		水	m^3	30.85	—	47.17	—
		电	kW·h	14.75	—	18.40	—
		其他材料费	元	235.00	—	241	—
		措施费分摊	元	241	—	326	—
		材料费小计	元	2183	29.83	2715	27.46
	机械费	风动凿岩机	台班	18.79	—	28.99	—
		风动锻钎机	台班	0.36	—	0.46	—
		电动空气压缩机 $10m^3/min$	台班	6.97	—	10.71	—
		轴流通风机 30kW	台班	4.39	—	4.68	—
		其他机械费	元	367	—	371	—
		措施费分摊	元	14	—	19	—
		机械费小计	元	2447	33.44	3492	35.33
	直接费小计		元	5731	—	7742	—
综合费用			元	1586	21.68	2143	21.68
合计			元	7318	—	9885	—

A.2.7 100m² 以内隧道石方开挖

工程内容：开挖与洞内出碴、选孔位、钻孔、装药、放炮、安全处理、爆破材料的领退。

单位：$100m^3$

指标编号			单位	6AF-013		6AF-014	
				断面 $100m^2$ 以内			
项目				次坚石	占指标基价（%）	普坚石	占指标基价（%）
指标基价			元	6611	100.00	8926	100.00
一、建筑安装工程费			元	6611	100.00	8926	100.00
二、设备购置费			元	—	—	—	—
建筑安装工程费							
直接费	人工费	人工	工日	31	—	44	—
		措施费分摊	元	20	—	27	—
		人工费小计	元	991	14.99	1382	15.48
	材料费	电雷管	个	246.76	—	285.60	—
		硝铵炸药	kg	156.64	—	190.26	—
		胶质导线	m	103.47	—	102.46	—
		合金钻头	个	8.39	—	10.40	—
		六角空心钢	kg	13.35	—	16.58	—
		高压胶皮风管	m	5.24	—	8.00	—
		水	m^3	27.77	—	42.45	—
		电	kW·h	13.27	—	16.56	—
		其他材料费	元	212	—	217	—
		措施费分摊	元	218	—	294	—
		材料费小计	元	1984	30.01	2466	27.63
	机械费	风动凿岩机	台班	16.91	—	26.09	—
		风动锻钎机	台班	0.32	—	0.41	—
		电动空气压缩机 $10m^3/min$	台班	6.27	—	9.64	—
		轴流通风机 30kW	台班	3.95	—	4.21	—
		其他机械费	元	330	—	334	—
		措施费分摊	元	13	—	17	—
		机械费小计	元	2203	33.32	3143	35.21
	直接费小计		元	5178	—	6991	—
综合费用			元	1433	21.68	1935	21.68
合计			元	6611	—	8926	—

A.2.8 120m² 以内隧道石方开挖

工程内容：开挖与洞内出碴、选孔位、钻孔、装药、放炮、安全处理、爆破材料的领退。

单位：100m³

指标编号				6AF-015		6AF-016	
项目			单位	断面 120m² 以内			
				次坚石	占指标基价（%）	普坚石	占指标基价（%）
指标基价			元	5975	100.00	8063	100.00
一、建筑安装工程费			元	5975	100.00	8063	100.00
二、设备购置费			元	—	—	—	—
建筑安装工程费							
直接费	人工费	人工	工日	28	—	39	—
		措施费分摊	元	18	—	24	—
		人工费小计	元	892	14.93	1244	15.43
	材料费	电雷管	个	222.09	—	257.04	—
		硝铵炸药	kg	140.97	—	171.23	—
		胶质导线	m	100.26	—	99.29	—
		合金钻头	个	7.55	—	9.36	—
		六角空心钢	kg	12.02	—	14.92	—
		高压胶皮风管	m	4.92	—	7.51	—
		水	m³	24.99	—	38.21	—
		电	kW·h	11.94	—	14.91	—
		其他材料费	元	190	—	195	—
		措施费分摊	元	197	—	266	—
		材料费小计	元	1805	30.21	2243	27.82
	机械费	风动凿岩机	台班	15.22	—	23.48	
		风动锻钎机	台班	0.29	—	0.37	
		电动空气压缩机 10m³/min	台班	5.65	—	8.68	
		轴流通风机 30kW	台班	3.55	—	3.79	
		其他机械费	元	297	—	301	
		措施费分摊	元	11	—	15	—
		机械费小计	元	1982	33.18	2829	35.08
	直接费小计		元	4679	—	6315	—
综合费用			元	1295	21.68	1748	21.68
合计			元	5975	—	8063	—

A.2.9 150m² 以内隧道石方开挖

工程内容：开挖与洞内出碴、选孔位、钻孔、装药、放炮、安全处理、爆破材料的领退。

单位：100m³

指标编号				6AF-017		6AF-018	
项目			单位	断面 150m² 以内			
				次坚石	占指标基价（%）	普坚石	占指标基价（%）
指标基价			元	5402	100.00	7286	100.00
一、建筑安装工程费			元	5402	100.00	7286	100.00
二、设备购置费			元	—	—	—	—
建筑安装工程费							
直接费	人工费	人工	工日	25	—	35	—
		措施费分摊	元	16	—	22	—
		人工费小计	元	803	14.86	1119	15.36
	材料费	电雷管	个	199.88	—	231.34	—
		硝铵炸药	kg	126.88	—	154.11	—
		胶质导线	m	97.37	—	96.43	—
		合金钻头	个	6.79	—	8.42	—
		六角空心钢	kg	10.81	—	13.43	—
		高压胶皮风管	m	4.63	—	7.08	—
		水	m³	22.49	—	34.39	—
		电	kW·h	10.75	—	13.42	—
		其他材料费	元	171	—	176	—
		措施费分摊	元	178	—	240	—
		材料费小计	元	1644	30.43	2042	28.02
	机械费	风动凿岩机	台班	13.69	—	21.13	—
		风动锻钎机	台班	0.26	—	0.33	—
		电动空气压缩机 10m³/min	台班	5.08	—	7.81	—
		轴流通风机 30kW	台班	3.20	—	3.41	—
		其他机械费	元	267	—	270	—
		措施费分摊	元	10	—	14	—
		机械费小计	元	1784	33.03	2546	34.94
	直接费小计		元	4231	—	5707	—
综合费用			元	1171	21.68	1580	21.68
合计			元	5402	—	7286	—

A.2.10 石方洞内运输 500m

工程内容：石方洞内装（人装：含 5m 以内；机械：含边角扒碴）、运、卸（含扒平），汽车运，清理道路。

单位：$100m^3$

指标编号				6AF-019		6AF-020	
项目			单位	断面 $65m^2$ 以内			
				次坚石	占指标基价（%）	普坚石	占指标基价（%）
指标基价			元	5495	100.00	5124	100.00
一、建筑安装工程费			元	5495	100.00	5124	100.00
二、设备购置费			元	—	—	—	—
建筑安装工程费							
直接费	人工费	人工	工日	36	—	32	—
		措施费分摊	元	17	—	16	—
		人工费小计	元	1134	20.63	1008	19.68
	材料费	板方材	m^3	0.31	—	0.23	—
		扒钉	kg	4.53	—	3.37	—
		高压胶皮风管 $\phi50$	m	0.83	—	0.62	—
		其他材料费	元	34	—	25	—
		措施费分摊	元	181	—	169	—
		材料费小计	元	727	13.23	574	11.21
	机械费	装岩机 $0.45m^3$	台班	4	—	4	—
		轨道平车 5t	台班	10	—	10	—
		其他机械费	元	209	—	197	—
		措施费分摊	元	10	—	10	—
		机械费小计	元	2443	44.46	2430	47.43
	直接费小计		元	4304	—	4013	—
综合费用			元	1191	21.68	1111	21.68
合计			元	5495	—	5124	—

A.2.11 石方洞外运输

工程内容：洞外石方运输、运碴、卸碴、空回。

单位：$100m^3$

指标编号				6AF-021		6AF-022	
项　目			单位	断面 $65m^2$ 以内			
				运距 1km 以内	占指标基价（%）	每增运 1km	占指标基价（%）
指标基价			元	921	100.00	3019	100.00
一、建筑安装工程费			元	921	100.00	3019	100.00
二、设备购置费			元	—	—	—	—
建筑安装工程费							
直接费	人工费	人工	工日	19	—	18	—
		措施费分摊	元	9	—	9	—
		人工费小计	元	614	66.62	557	18.44
	材料费	措施费分摊	元	102	—	99	—
		材料费小计	元	102	11.07	99	3.29
	机械费	自卸汽车 10t 以内	台班	3.02	—	3.02	—
		其他机械费	元	172	—	172	—
		措施费分摊	元	6	—	6	—
		机械费小计	元	6	0.64	1708	56.58
	直接费小计		元	722	—	2365	—
综合费用			元	200	21.68	655	21.68
合　计			元	921	—	3019	—

A.2.12 型钢支撑(工字钢)

工程内容：下料、成型、钻孔、焊接、修正；安装就位、紧固螺栓；拆除、整理、堆放；放样、号料、切断、氧割、调直、煨弯、焊接、场内运输、安装埋设、焊接固定。

单位：100m^3

指标编号			单位	6AF-023		6AF-024	
				断面 65m^2 以内			
项目				次坚石	占指标基价（%）	普坚石	占指标基价（%）
指标基价			元	620	100.00	580	100.00
一、建筑安装工程费			元	620	100.00	580	100.00
二、设备购置费			元	—	—	—	—
建筑安装工程费							
直接费	人工费	人工	工日	2	—	2	—
		措施费分摊	元	2	—	2	—
		人工费小计	元	74	11.92	69	11.94
	材料费	型钢	t	0.08	—	0.07	—
		钢板	t	0.01	—	0.01	—
		电焊条	kg	0.33	—	0.31	—
		铁件	kg	6.39	—	5.99	—
		其他材料费	元	19	—	18	—
		措施费分摊	元	20	—	19	—
		材料费小计	元	372	60.08	349	60.18
	机械费	载重汽车 4t	台班	0.10	—	0.09	—
		交流电焊机 32kV·A	台班	0.11	—	0.10	—
		其他机械费	元	3	—	2	—
		措施费分摊	元	1	—	1	—
		机械费小计	元	39	6.33	36	6.20
	直接费小计		元	485	—	454	—
综合费用			元	134	21.68	126	21.68
合计			元	620	—	580	—

A.2.13 钢筋格栅支撑

工程内容： 下料、成型、钻孔、焊接、修正；安装就位、紧固螺栓；拆除、整理、堆放；放样、号料、切断、氧割、调直、煨弯、焊接、场内运输、安装埋设、焊接固定。

单位：$100m^3$

指标编号			单位	6AF-025		6AF-026	
				断面 $65m^2$ 以内			
项目				次坚石	占指标基价（%）	普坚石	占指标基价（%）
指标基价			元	776	100.00	698	100.00
一、建筑安装工程费			元	776	100.00	698	100.00
二、设备购置费			元	—	—	—	—
建筑安装工程费							
直接费	人工费	人工	工日	3	—	2	—
		措施费分摊	元	2	—	2	—
		人工费小计	元	88	11.28	79	11.29
	材料费	型钢	t	0.10	—	0.09	—
		钢板	t	0.01	—	0.01	—
		电焊条	kg	1.50	—	1.35	—
		铁件	kg	7.99	—	7.19	—
		其他材料费	元	24	—	21.56	—
		措施费分摊	元	26	—	23	—
		材料费小计	元	472	60.83	425	60.90
	机械费	载重汽车 4t	台班	0.13	—	0.11	—
		交流点焊机 32kV·A	台班	0.14	—	0.12	—
		其他机械费	元	3	—	2	—
		措施费分摊	元	1	—	1	—
		机械费小计	元	48	6.22	43	6.13
	直接费小计		元	608	—	546	—
综合费用			元	168	21.68	151	21.68
合计			元	776	—	698	—

A.2.14 支撑间连接钢筋

工程内容：钢筋解捆、除锈、调直、制作、运输、绑扎或焊接成型等。

单位：$100m^3$

指标编号				6AF-027		6AF-028	
				断面$65m^2$以内			
项目			单位	次坚石	占指标基价（%）	普坚石	占指标基价（%）
指标基价			元	178	100.00	178	100.00
一、建筑安装工程费			元	178	100.00	178	100.00
二、设备购置费			元	—	—	—	—
建筑安装工程费							
直接费	人工费	人工	工日	1	—	1	—
		措施费分摊	元	1	—	1	—
		人工费小计	元	18	9.98	18	9.98
	材料费	钢筋ϕ10以内	t	0.03	—	0.03	—
		铁丝	kg	0.16	—	0.16	—
		其他材料费	元	6	—	6	—
		措施费分摊	元	6	—	6	—
		材料费小计	元	119	67.09	119	67.09
	机械费	钢筋调直机ϕ14	台班	0.02	—	0.02	—
		钢筋切断机ϕ40	台班	0.02	—	0.02	—
		钢筋弯曲机ϕ40	台班	0.02	—	0.02	—
		其他机械费	元	1	—	1	—
		措施费分摊	元	0	—	0	—
		机械费小计	元	2	1.25	2	1.25
	直接费小计		元	139	—	139	—
综合费用			元	39	21.68	39	21.68
合计			元	178	—	178	—

A.2.15 ϕ22 药卷锚杆

工程内容：预应力锚杆包括：钻孔、锚杆制作、张拉、安装；砂浆锚杆包括：钻眼、锚杆制作及安装、砂浆灌注等；土钉锚杆包括：土钉制作、安装等。

单位：$100m^3$

指标编号				6AF-029		6AF-030	
项目			单位	断面 $65m^2$ 以内			
				次坚石	占指标基价（%）	普坚石	占指标基价（%）
指标基价			元	987	100.00	836	100.00
一、建筑安装工程费			元	987	100.00	836	100.00
二、设备购置费			元	—	—	—	—
建筑安装工程费							
直接费	人工费	人工	工日	5	—	4	—
		措施费分摊	元	3	—	3	—
		人工费小计	元	166	16.82	140	16.75
	材料费	钢筋 ϕ22	kg	105.04	—	88.28	—
		高压胶管 ϕ20	m	0.53	—	0.44	—
		水泥砂浆 1∶2.5	m^3	0.05	—	0.04	—
		合金钻头	个	0.42	—	0.35	—
		六角空心钢	kg	0.74	—	0.62	—
		其他材料费	元	27	—	23	—
		措施费分摊	元	33	—	28	—
		材料费小计	元	527	53.39	443	52.99
	机械费	灰浆搅拌机 200L	台班	0.08	—	0.07	—
		电动灌浆机	台班	0.13	—	0.11	—
		风动凿岩机 气腿式	台班	0.37	—	0.31	—
		风动锻钎机	台班	0.03	—	0.02	—
		电动空气压缩机 $10m^3/min$	台班	0.45	—	0.42	—
		其他机械费	元	4	—	3	—
		措施费分摊	元	2	—	2	—
		机械费小计	元	80	8.11	72	8.61
	直接费小计		元	773	—	655	—
综合费用			元	214	21.68	181	21.65
合计			元	987	—	836	—

A.2.16 ϕ25 中空锚杆

工程内容：预应力锚杆包括：钻孔、锚杆制作、张拉、安装；砂浆锚杆包括：钻眼、锚杆制作及安装、砂浆灌注等；土钉锚杆包括：土钉制作、安装等。

单位：$100m^3$

指标编号				6AF-031		6AF-032	
项目			单位	断面 $65m^2$ 以内			
				次坚石	占指标基价（%）	普坚石	占指标基价（%）
指标基价			元	1010	100.00	910	100.00
一、建筑安装工程费			元	1010	100.00	910	100.00
二、设备购置费			元	—	—	—	—
建筑安装工程费							
直接费	人工费	人工	工日	6	—	5	—
		措施费分摊	元	3	—	3	—
		人工费小计	元	183	18.10	165	18.11
	材料费	钢筋 ϕ25	kg	115.88	—	104.44	—
		高压胶管 ϕ20	m	0.58	—	0.52	—
		水泥砂浆 1∶2.5	m^3	0.06	—	0.05	—
		合金钻头	个	0.46	—	0.42	—
		六角空心钢	kg	0.81	—	0.73	—
		其他材料费	元	29.94	—	27	—
		措施费分摊	元	33	—	30	—
		材料费小计	元	526	52.11	474	52.15
	机械费	灰浆搅拌机 200L	台班	0.09	—	0.08	—
		电动灌浆机	台班	0.14	—	0.13	—
		风动凿岩机 气腿式	台班	0.41	—	0.37	—
		风动锻钎机	台班	0.03	—	0.03	—
		电动空气压缩机 $10m^3/min$	台班	0.20	—	0.18	—
		其他机械费	元	4	—	3	—
		措施费分摊	元	2	—	2	—
		机械费小计	元	82	8.11	73	8.05
	直接费小计		元	791	—	712	—
综合费用			元	219	21.68	197	21.68
合计			元	1010	—	910	—

A.2.17 $\phi42$ 注浆小导管

工程内容： 定位、钻孔清洗、导管制作、运输、安装就位、准备及清理、配料、进料、压浆、检查、堵塞压浆孔等。

单位：100m³

指标编号			单位	6AF-033		6AF-034	
项目				断面 65m² 以内			
				次坚石	占指标基价（%）	普坚石	占指标基价（%）
指标基价			元	5505	100.00	4773	100.00
一、建筑安装工程费			元	5505	100.00	4773	100.00
二、设备购置费			元	—	—	—	—
建筑安装工程费							
直接费	人工费	人工	工日	19	—	17	—
		措施费分摊	元	17	—	14	—
		人工费小计	元	621	11.29	537	11.26
	材料费	小导管 $\phi42\times3.25$	kg	275.01	—	237.93	—
		氧气	m³	2.99	—	2.58	—
		乙炔气	m³	1.45	—	1.25	—
		水泥砂浆 1:2.5	m³	0.31	—	0.30	—
		气焊条	kg	3.24	—	2.80	—
		水	m³	46.92	—	40.59	—
		钻头用硬质合金	kg	0.77	—	0.66	—
		钢板	kg	17.49	—	15.13	—
		钻杆	kg	1.07	—	0.92	—
		其他材料费	元	95	—	82	—
		措施费分摊	元	181	—	157	—
		材料费小计	元	2152	39.10	1875	39.27
	机械费	工程钻机 孔径 $\phi500$	台班	7.08	—	6.13	—
		管子切断机 $\phi60$	台班	1.36	—	1.18	—
		其他机械费	元	65	—	52	—
		措施费分摊	元	10	—	9	—
		机械费小计	元	1538	27.94	1326	27.79
	直接费小计		元	4311	—	3738	—
综合费用			元	1193	21.68	1035	21.68
合计			元	5505	—	4773	—

A.2.18 ϕ6 钢筋网制作安装

工程内容：钢筋解捆、除锈、调直、制作、运输、绑扎或焊接成型，挂网、绑扎固定等。

单位：100m^3

指标编号				6AF-035		6AF-036	
项目			单位	断面 $65m^2$ 以内			
				次坚石	占指标基价（%）	普坚石	占指标基价（%）
指标基价			元	3077	100.00	2603	100.00
一、建筑安装工程费			元	3077	100.00	2603	100.00
二、设备购置费			元	—	—	—	—
建筑安装工程费							
直接费	人工费	人工	工日	1	—	1	—
		措施费分摊	元	9	—	8	—
		人工费小计	元	44	1.42	37	1.41
	材料费	钢筋 ϕ10 以内	t	0.65	—	0.55	—
		铁丝	kg	0.31	—	0.26	—
		其他材料费	元	12.74	—	10.58	—
		措施费分摊	元	101	—	86	—
		材料费小计	元	2358	76.62	1995	76.63
	机械费	钢筋调直机	台班	0.03	—	0.03	—
		钢筋切断机	台班	0.03	—	0.03	—
		钢筋弯曲机	台班	0.03	—	0.03	—
		其他机械费	元	1	—	1	—
		措施费分摊	元	6	—	5	—
		机械费小计	元	9	0.28	7	0.28
	直接费小计		元	2410	—	2039	—
综合费用			元	667	21.68	564	21.68
合计			元	3077	—	2603	—

A.2.19 C20喷射混凝土

工程内容：喷射混凝土支护：配料、投料、搅拌、混合料200m内运输、喷射机操作、喷射混凝土、清洗岩面。

单位：$100m^3$

指标编号				6AF-037		6AF-038	
				断面$65m^2$以内			
项目			单位	次坚石	占指标基价（%）	普坚石	占指标基价（%）
指标基价			元	6625	100.00	5919	100.00
一、建筑安装工程费			元	6625	100.00	5919	100.00
二、设备购置费			元	—	—	—	—
建筑安装工程费							
直接费	人工费	人工	工日	26	—	23	—
		措施费分摊	元	20	—	18	—
		人工费小计	元	825	12.45	719	12.15
	材料费	喷射混凝土 C20	m^3	15.71	—	14.14	—
		高压胶管	m	5.72	—	5.15	—
		水	m^3	27.60	—	24.84	—
		其他材料费	元	358	—	322	—
		措施费分摊	元	218	—	195	—
		材料费小计	元	3212	48.49	2890	48.82
	机械费	混凝土喷射机 $4\sim6m^3/h$	台班	1.41	—	1.23	—
		双卧轴式混凝土搅拌机 400L	台班	0.87	—	0.78	—
		电动空气压机 $10m^3/min$	台班	0.79	—	0.71	—
		轨道平车 5t	台班	2.29	—	2.06	—
		轴流通风机 30kW	台班	1.39	—	1.25	—
		其他机械费	元	76	—	63	—
		措施费分摊	元	13	—	11	—
		机械费小计	元	1151	17.38	1027	17.35
	直接费小计		元	5189	—	4636	—
综合费用			元	1436	21.68	1283	21.68
合计			元	6625	—	5919	—

A.2.20 防水板敷设

工程内容：SBS卷材防水包括：刷冷底子油、卷材铺设。LDPE卷材防水包括：底层泡沫板铺设、LDPE铺设。

单位：100m³

指标编号				6AF-039		6AF-040	
项目			单位	断面65m²以内			
				次坚石	占指标基价（%）	普坚石	占指标基价（%）
指标基价			元	2900	100.00	2160	100.00
一、建筑安装工程费			元	2900	100.00	2160	100.00
二、设备购置费			元	—	—	—	—
建筑安装工程费							
直接费	人工费	人工	工日	12	—	9	—
		措施费分摊	元	9	—	7	—
		人工费小计	元	393	13.56	292	13.50
	材料费	LDPE防水卷材	m²	38.94	—	28.87	—
		PE泡沫板	m²	37.17	—	27.55	—
		垫片	个	177.00	—	131.21	—
		塑料焊条	kg	2.12	—	1.57	—
		射钉	个	212.39	—	157.45	—
		子弹	个	212.39	—	157.45	—
		其他材料费	元	93	—	69	—
		措施费分摊	元	96	—	71	—
		材料费小计	元	1775	61.23	1316	60.95
	机械费	热合机	台班	1.39	—	1.17	—
		其他机械费	元	11	—	7	—
		措施费分摊	元	5	—	4	—
		机械费小计	元	102	3.53	84	3.88
	直接费小计		元	2271	—	1692	—
综合费用			元	629	21.68	468	21.68
合计			元	2900	—	2160	—

A.2.21 止水条、止水带安装

工程内容：变形缝包括：混凝土面清理、聚苯板、水泥砂浆、纤维板、橡胶止水带及SBS防水卷材等安装。

单位：$100m^3$

指标编号				6AF-041		6AF-042	
				断面$65m^2$以内			
项目			单位	次坚石	占指标基价（%）	普坚石	占指标基价（%）
指标基价			元	2331	100.00	1436	100.00
一、建筑安装工程费			元	2331	100.00	1436	100.00
二、设备购置费			元	—	—	—	—
建筑安装工程费							
直接费	人工费	人工	工日	21	—	13	—
		措施费分摊	元	7	—	4	—
		人工费小计	元	648	27.82	399	27.79
	材料费	聚苯乙烯泡沫板50	m^2	4.82	—	2.97	—
		水泥砂浆1∶2.5	m^3	0.34	—	0.21	—
		聚氨酯泡沫板	m^2	0.25	—	0.15	—
		玻璃纤维板	m^2	1.03	—	0.64	—
		SBS改性沥青卷材	m^2	10.85	—	6.68	—
		橡胶止水带	m	36.17	—	22.26	—
		其他材料费	元	71	—	44	—
		措施费分摊	元	77	—	47	—
		材料费小计	元	1173	50.31	723	50.34
	机械费	措施费分摊	元	4	—	3	—
		机械费小计	元	4	0.19	3	0.19
	直接费小计		元	1825	—	1125	—
综合费用			元	505	21.68	311	21.68
合计			元	2331	—	1436	—

A.2.22 排水管、盲沟安装及预埋管道安装

工程内容：下管、铺管、调直、调制接口材料、接口养护、材料运输。

单位：$100m^3$

指标编号				6AF-043		6AF-044	
项目			单位	断面 $65m^2$ 以内			
				次坚石	占指标基价（%）	普坚石	占指标基价（%）
指标基价			元	698	100.00	698	100.00
一、建筑安装工程费			元	698	100.00	698	100.00
二、设备购置费			元	—	—	—	—
建筑安装工程费							
直接费	人工费	人工	工日	7	—	7	—
		措施费分摊	元	2	—	2	—
		人工费小计	元	219	31.41	219	31.41
	材料费	HDPE 波纹管 ϕ300	m	2.60	—	2.60	—
		HDPE 波纹管 ϕ100	m	2.50	—	2.50	—
		PVC 管 ϕ100	m	0.12	—	0.12	—
		HDPE 波纹管 ϕ110	m	0.14	—	0.14	—
		塑料盲沟 MF7	m	0.90	—	0.90	—
		塑料盲沟 MY8C	m	0.01	—	0.01	—
		其他材料费	元	176	—	176	—
		措施费分摊	元	23	—	23	—
		材料费小计	元	326	46.72	326	46.72
	机械费	措施费分摊	元	1	—	1	—
		机械费小计	元	1	0.19	1	0.19
	直接费小计		元	547	—	547	—
综合费用			元	151	21.68	151	21.68
合　计			元	698	—	698	—

A.2.23 C20 仰拱混凝土

工程内容：商品混凝土干封底；混凝土输送、浇捣、养护。

单位：100m^3

指标编号				6AF-045		6AF-046	
项目			单位	断面 65m^2 以内			
				次坚石	占指标基价（%）	普坚石	占指标基价（%）
指标基价			元	4510	100.00	3985	100.00
一、建筑安装工程费			元	4510	100.00	3985	100.00
二、设备购置费			元	—	—	—	—
建筑安装工程费							
直接费	人工费	人工	工日	10	—	9	—
		措施费分摊	元	14	—	12	—
		人工费小计	元	319	7.07	287	7.20
	材料费	泵送商品混凝土 C20	m^3	4.63	—	4.25	—
		枕木	m^3	0.07	—	0.06	—
		电	kW·h	2.69	—	2.42	—
		其他材料费	元	237	—	177	—
		措施费分摊	元	149	—	131	—
		材料费小计	元	1929	42.76	1723	43.23
	机械费	混凝土输送泵车 75m^3/h	台班	0.68	—	0.59	—
		潜水泵 ϕ150	台班	1.36	—	1.17	—
		其他机械费	元	34	—	31	—
		措施费分摊	元	9	—	8	—
		机械费小计	元	1285	28.48	1111	27.89
	直接费小计		元	3532	—	3121	—
综合费用			元	978	21.68	864	21.68
合计			元	4510	—	3985	—

A.2.24 C20 仰拱填充混凝土

工程内容：商品混凝土干封底；混凝土输送、浇捣、养护。

单位:$100m^3$

		指标编号	单位	6AF-047		6AF-048	
				断面 $65m^2$ 以内			
		项目		次坚石	占指标基价（%）	普坚石	占指标基价（%）
		指标基价	元	7581	100.00	7067	100.00
		一、建筑安装工程费	元	7581	100.00	7067	100.00
		二、设备购置费	元	—	—	—	—
		建筑安装工程费					
直接费	人工费	人工	工日	10	—	9	—
		措施费分摊	元	23	—	21	—
		人工费小计	元	328	4.33	296	4.19
	材料费	泵送商品混凝土 C20	m^3	9.76	—	9.34	—
		枕木	m^3	0.07	—	0.06	—
		电	kW·h	2.69	—	2.42	—
		其他材料费	元	334	—	283	—
		措施费分摊	元	250	—	233	—
		材料费小计	元	3768	49.71	3560	50.37
	机械费	混凝土输送泵车 $75m^3/h$	台班	0.95	—	0.88	—
		潜水泵 $\phi150$	台班	1.91	—	1.75	—
		其他机械费	元	76	—	59	—
		措施费分摊	元	14	—	13	—
		机械费小计	元	1841	24.28	1679	23.76
		直接费小计	元	5937	—	5535	—
		综合费用	元	1643	21.68	1532	21.68
		合计	元	7581	—	7067	—

A.2.25 C20衬砌混凝土

工程内容：砂石清洗、配料、混凝土搅拌、混凝土外运输、二次搅拌、浇捣养护。

单位:$100m^3$

指标编号				6AF-049		6AF-050	
项目			单位	断面$65m^2$以内			
				次坚石	占指标基价（%）	普坚石	占指标基价（%）
指标基价			元	8392	100.00	7339	100.00
一、建筑安装工程费			元	8392	100.00	7339	100.00
二、设备购置费			元	—	—	—	—
建筑安装工程费							
直接费	人工费	人工	工日	38	—	34	—
		措施费分摊	元	25	—	22	—
		人工费小计	元	1201	14.31	1080	14.71
	材料费	泵送商品混凝土 C20	m^3	12.18	—	10.96	—
		水	m^3	17.40	—	15.66	—
		电	kW·h	12.77	—	11.49	—
		其他材料费	元	994	—	742	—
		措施费分摊	元	276	—	242	—
		材料费小计	元	5273	62.84	4586	62.49
	机械费	其他机械费	元	83	—	68	—
		措施费分摊	元	16	—	14	—
		机械费小计	元	99	1.18	82	1.12
	直接费小计		元	6573	—	5748	—
综合费用			元	1819	21.68	1591	21.68
合计			元	8392	—	7339	—

A.2.26 混凝土模板

工程内容：模板安装、拆除、清理；操作平台制作、安装、拆除等。

单位:$100m^3$

指标编号				6AF-051		6AF-052	
项目			单位	断面 $65m^2$ 以内			
				次坚石	占指标基价（%）	普坚石	占指标基价（%）
指标基价			元	1862	100.00	1862	100.00
一、建筑安装工程费			元	1862	100.00	1862	100.00
二、设备购置费			元	—	—	—	—
建筑安装工程费							
直接费	人工费	人工	工日	30	—	30	—
		措施费分摊	元	6	—	6	—
		人工费小计	元	937	50.32	937	50.32
	材料费	锯材	m^3	0.16	—	0.16	—
		钢模板	kg	25.69	—	25.69	—
		卡具及零星扣件	kg	9.31	—	9.31	—
		钢支撑	kg	14.28	—	14.28	—
		圆钉	kg	0.67	—	0.67	—
		镀锌铁丝	kg	2.28	—	2.28	—
		其他材料费	元	25	—	25	—
		措施费分摊	元	61	—	61	—
		材料费小计	元	518	27.81	518	27.81
	机械费	措施费分摊	元	4	—	4	—
		机械费小计	元	4	0.19	4	0.19
	直接费小计		元	1458	—	1458	—
综合费用			元	404	21.69	404	21.69
合计			元	1862	—	1862	—

A.2.27 衬砌钢筋（Ⅰ、Ⅱ级）

工程内容：钢筋解捆、除锈、调直、制作、运输、绑扎或焊接成型等。

单位:100m³

指标编号				6AF-053		6AF-054	
				断面 $65m^2$ 以内			
项目			单位	次坚石	占指标基价（%）	普坚石	占指标基价（%）
指标基价			元	91	100.00	80	100.00
一、建筑安装工程费			元	91	100.00	80	100.00
二、设备购置费			元	—	—	—	—
建筑安装工程费							
直接费	人工费	人工	工日	1	—	1	—
		措施费分摊	元	0	—	0	—
		人工费小计	元	36	39.38	32	39.89
	材料费	钢筋 ϕ10 以外	t	0.09	—	0.08	—
		电焊条	kg	0.51	—	0.45	—
		铁丝	kg	0.08	—	0.07	—
		其他材料费	元	19	—	17	—
		措施费分摊	元	3	—	3	—
		材料费小计	元	26	28.21	23	28.53
	机械费	钢筋切割机 ϕ40	台班	0.01	—	0.01	—
		钢筋弯曲机 ϕ40	台班	0.02	—	0.02	—
		对焊机 10kV·A	台班	0.08	—	0.07	—
		交流电焊机 30kV·A	台班	0.01	—	0.01	—
		其他机械费	元	2	—	1	—
		措施费分摊	元	0	—	0	—
		机械费小计	元	10	10.72	8	9.90
	直接费小计		元	72	—	63	—
综合费用			元	20	21.68	17	21.68
合计			元	91	—	80	—

A.2.28 C25 现浇沟槽混凝土

工程内容：模板安装、拆除、清理；砂石清洗、配料、混凝土搅拌、运输、浇捣及养护；操作平台制作、安装、拆除等。

单位:100m³

指标编号				6AF-055		6AF-056	
项目			单位	断面 $65m^2$ 以内			
				次坚石	占指标基价（%）	普坚石	占指标基价（%）
指标基价			元	1817	100.00	1437	100.00
一、建筑安装工程费			元	1817	100.00	1437	100.00
二、设备购置费			元	—	—	—	—
建筑安装工程费							
直接费	人工费	人工	工日	13	—	10	—
		措施费分摊	元	6	—	4	—
		人工费小计	元	407	22.40	321	22.34
	材料费	半干硬性混凝土 C25	m³	7.26	—	5.72	—
		水	m³	7.40	—	5.84	—
		其他材料费	元	48	—	38	—
		措施费分摊	元	60	—	47	—
		材料费小计	元	948	52.15	747	51.96
	机械费	滚筒式混凝土搅拌机	台班	0.66	—	0.56	—
		其他机械费	元	4	—	3	—
		措施费分摊	元	3	—	3	—
		机械费小计	元	68	3.77	58	4.03
	直接费小计		元	1423	—	1126	—
综合费用			元	394	21.68	312	21.68
合计			元	1817	—	1437	—

附　录　A

附录 A.1　岩石隧道工程综合指标数量含量表

附表 A.1-1　次坚石隧道洞身实体工程数量取定表

实体项目	单位	数量								
		断面 $4m^2$ 以内	断面 $6m^2$ 以内	断面 $10m^2$ 以内	断面 $20m^2$ 以内	断面 $30m^2$ 以内	断面 $65m^2$ 以内	断面 $100m^2$ 以内	断面 $120m^2$ 以内	断面 $150m^2$ 以内
洞内石方开挖	m^3	4.00	6.00	10.00	20.00	30.00	65.00	100.00	120.00	150.00
石方洞内运输 500m 以内	m^3	4.00	6.00	10.00	20.00	30.00	65.00	100.00	120.00	150.00
洞外石方运输	m^3	4.00	6.00	10.00	20.00	30.00	65.00	100.00	120.00	150.00
型钢	t	0.02	0.04	0.05	0.07	0.09	0. 12	0.14	0.16	0.19
钢筋	t	0.472	0.674	0.963	1.376	1.658	2.21	2.653	2.945	3.534
ϕ22 药卷锚杆	m	3.68	5.25	7.48	10.69	12.83	17.07	34.98	41.97	50.36
ϕ25 中空锚杆	m	4.05	5.79	8.26	11.80	14.16	18.83	38.59	46.31	55.57
ϕ42 注浆小导管	m	1.19	1.71	2.43	3.47	4.17	5.54	11.36	13.63	16.36
泵送商品混凝土 C20	m^3	3.38	4.83	6.90	9.85	11.88	15.83	19.00	21.09	25.31
防水板	m^2	3.38	5.55	7.90	11.29	13.55	18.02	36.94	44.32	53.18
止水条、止水带安装	m	0.37	0.53	0.76	1.08	1.30	1.72	3.53	4.24	5.09
排水管、盲沟安装及预埋管道安装	m	0.91	1.31	1.86	2.66	3.19	4.24	8.70	10.44	12.53
洞内管沟	m	0.30	0.43	0.61	0.87	1.04	1.38	2.84	3.40	4.08

附表 A.1-2 普坚石隧道洞身实体工程数量取定表

实体项目	单位	数量								
		断面 $4m^2$ 以内	断面 $6m^2$ 以内	断面 $10m^2$ 以内	断面 $20m^2$ 以内	断面 $30m^2$ 以内	断面 $65m^2$ 以内	断面 $100m^2$ 以内	断面 $120m^2$ 以内	断面 $150m^2$ 以内
洞内石方开挖	m^3	4.00	6.00	10.00	20.00	30.00	65.00	100.00	120.00	150.00
石方洞内运输 500m 以内	m^3	4.00	6.00	10.00	20.00	30.00	65.00	100.00	120.00	150.00
洞外石方运输	m^3	4.00	6.00	10.00	20.00	30.00	65.00	100.00	120.00	150.00
型钢	t	0.02	0.03	0.05	0.06	0.08	0.10	0.12	0.14	0.16
钢筋	t	0.412	0.588	0.841	1.201	1.447	1.929	2.315	2.569	3.083
ϕ22 药卷锚杆	m	3.09	4.41	6.29	8.99	10.79	14.35	29.40	35.28	42.34
ϕ25 中空锚杆	m	3.65	5.22	7.44	10.63	12.76	16.97	34.78	41.73	50.08
ϕ42 注浆小导管	m	1.03	1.48	2.10	3.01	3.61	4.80	9.83	11.80	14.16
泵送商品混凝土 C20	m^3	3.04	4.35	6.21	8.87	10.69	14.25	17.10	18.98	22.77
防水板	m^2	3.28	4.69	6.68	9.54	11.45	15.23	31.21	37.45	44.94
止水条、带安装	m	0.30	0.42	0.60	0.86	1.04	1.38	2.82	3.39	4.01
排水管、盲沟安装及预埋管道安装	m	0.79	1.13	1.62	2.31	2.77	3.69	7.55	9.06	10.87
洞内管沟	m	0.25	0.36	0.51	0.73	0.88	1.17	2.40	2.88	3.46

附录 A.2　主要材料、机械台班、设备单价取定表

序号	材料、机械名称	规格型号	单位	单价（元）
1	电雷管		个	0.55
2	硝铵炸药		kg	4.00
3	胶质导线	BV-2.5	m	1.05
4	胶质导线	BV-4.0	m	1.63
5	胶质导线		m	1.63
6	合金钻头		个	33.01
7	六角空心钢		kg	2.86
8	高压胶皮风管	ϕ19	m	24.30
9	高压胶皮风管	ϕ25	m	29.94
10	高压胶皮风管	ϕ50	m	50.00
11	高压胶皮风管		m	21.87
12	水		m^3	0.51
13	电		kV·A	0.60
14	板方材		m^3	1452.00
15	抓钉		kg	5.20
16	型钢		t	3485.00
17	钢板		t	5900.00
18	电焊条		kg	5.76
19	铁件		kg	3.66
20	钢筋	ϕ10 以内	t	3450.00
21	钢筋	ϕ10 以外	t	3450.00
22	钢筋	ϕ22	t	3550.00
23	钢筋	ϕ25	t	3580.00
24	钢筋		kg	3.55
25	铁丝		kg	3.00
26	高压胶管	ϕ20	m	89.49
27	喷射混凝土	C20	m^3	130.00
28	LDPE 防水卷材		m^2	26.00
29	PE 泡沫板		m^2	9.86

续附表 A.2

序号	材料、机械名称	规格型号	单位	单价（元）
30	垫片		个	0.30
31	塑料焊条		kg	22.54
32	射钉		个	0.19
33	子弹		个	0.21
34	聚苯乙烯泡沫板	50	m^2	50.00
35	水泥砂浆	1∶2.5	m^3	400.00
36	聚氨酯泡沫板		m^2	32.63
37	玻璃纤维板		m^2	30.00
38	SBS 改性沥青卷材		m^2	27.50
39	镀锌铁丝		kg	3.62
40	半干硬性混凝土	C25	m^3	110.00
41	枕木		m^3	826.00
42	锯材		m^3	1200.00
43	钢模板		kg	4.00
44	卡具及零星扣件		kg	4.00
45	钢支撑		kg	6.00
46	圆钉		kg	4.50
47	橡胶止水带		m	13.20
48	点焊条		kg	1.10
49	小导管	$\phi42 \times 3.25$	kg	5.00
50	氧气		m^3	4.70
51	乙炔气		m^3	15.00
52	气焊条		kg	4.60
53	钻头用硬质合金		kg	21.00
54	钻杆		kg	6.00
55	HDPE 波纹管	$\phi100$	m	9.57
56	HDPE 波纹管	$\phi110$	m	9.31
57	HDPE 波纹管	$\phi300$	m	31.00
58	PVC 管	$\phi100$	m	19.00

续附表 A.2

序号	材料、机械名称	规格型号	单位	单价（元）
59	塑料盲沟	MF7	m	21.00
60	塑料盲沟	MY8C	m	23.00
61	泵送商品混凝土	C20	m^3	320.00
62	风动凿岩机		台班	200.00
63	风动锻钎机		台班	120.89
64	电动空气压缩机	$10m^3/min$	台班	267.06
65	轴流通风机	30kW	台班	30.21
66	装岩机	$0.45m^3$	台班	507.38
67	轨道平车	5t	台班	194.00
68	自卸汽车	10t 以内	台班	506.86
69	载重汽车	4t	台班	285.27
70	钢筋调直机	$\phi14$	台班	22.25
71	钢筋切断机	$\phi40$	台班	19.57
72	钢筋弯曲机	$\phi40$	台班	15.29
73	灰浆搅拌机	200L	台班	50.86
74	电动灌浆机		台班	52.83
75	风动凿岩机	气腿式	台班	155.60
76	工程钻机	孔径 $\phi500$	台班	200.00
77	管子切断机	$\phi60$	台班	33.97
78	混凝土喷射机	$4\sim6m^3/h$	台班	105.78
79	双卧轴式混凝土搅拌机	400L	台班	110.61
80	电动空气压机	$10m^3/min$	台班	342.43
81	轨道平车	5t	台班	247.54
82	轴流通风机	30kW	台班	30.00
83	热合机		台班	62.02
84	混凝土输送泵车	$75m^3/h$	台班	1672.50
85	潜水泵	$\phi150$	台班	80.29
86	滚筒式混凝土搅拌机		台班	92.00
87	对焊机	10kV·A	台班	70.45
88	交流电焊机	30kV·A	台班	59.90
89	交流电焊机	32kV·A	台班	59.90
90	交流点焊机	32kV·A	台班	59.90
91	混凝土搅拌机	30kV·A	台班	95.72

附录 A.3　编制岩石隧道工程投资估算应用案例

1　综合指标应用案例

例：西南地区某市拟建一绕城公路隧道，设计为上下行分离式双车道隧道。隧道总长 900 延长米，净宽 9.7m，设计断面为 64.6m^2。设计围岩Ⅱ、Ⅲ类占 60%，Ⅳ类占 40%。端墙式洞门，型钢拱架配合锚喷初期支护，EVA/ECB 背衬土工布防水，钢筋混凝土（商品混凝土泵送）二次衬砌。本工程采用普通钻爆法施工，单口掘进，两台阶开挖，仰拱超前，初期支护及二次衬砌紧跟。

市场人工、材料、机械台班价格如下表：

序号	材 料 名 称	规格型号	单位	价格（元）
1	人工		工日	45.00
2	型钢		t	5100.00
3	合金钻头		个	36.00
4	硝铵炸药		kg	6.97
5	电雷管		个	2.50
6	胶质导线		m	1.10
7	钢筋		t	5150.00
8	LDPE 防水卷材		m^2	29.00
9	高压胶皮风管	ϕ50	m	47.00
10	泵送商品混凝土	C20	m^3	310.00
11	混凝土搅拌机		台班	96.00
12	混凝土喷射机	4~6m^3/h	台班	106.00
13	电动空气压缩机	10m^3/min	台班	267.00
14	工程钻机	孔径 ϕ500	台班	200.00
15	混凝土输送泵车	75m^3/h	台班	1673.00

一、综合指标建筑安装工程费计算：

（一）断面小于 65m^2，Ⅱ、Ⅲ类围岩总长 540m，查本册综合指标 6AZ-011 中次坚石。

断面小于 65m^2，Ⅳ类围岩总长 360m，查本册综合指标 6AZ-012 中普坚石。

（二）综合指标按每米直接费中人工、材料费、机械费单价换价。

1. 人工费换价：

人工费=人工工日×（采用当时当地的）工日单价

（1）6AZ-011，次坚石：　　192 工日×45 元/工日=8640（元）

（2）6AZ-012，普坚石：　　179 工日×45 元/工日=8055（元）

2. 材料费换价：

（1）6AZ-011，次坚石见下表：

序号	材 料 名 称	单位	耗用量	单价（元）	合价（元）
1	合金钻头	个	6.63	36.00	238.68
2	硝铵炸药	kg	113.13	6.97	788.52
3	电雷管	个	178.22	2.50	445.55
4	胶质导线	m	69.57	1.10	76.53
5	泵送商品混凝土 C20	m^3	15.83	310.00	4907.30
6	防水板	m^2	25.31	29.00	733.99
7	高压胶皮风管	m	4.17	47.00	195.99
8	钢筋	kg	2211	5.15	11386.65
9	型钢	t	0.12	5100.00	612.00
合 计					19385

（2）6AZ-012，普坚石见下表：

序号	材 料 名 称	单位	耗用量	单价（元）	合价（元）
1	合金钻头	个	8.02	36.00	444.00
2	硝铵炸药	kg	137.41	6.97	1473.00
3	电雷管	个	206.26	2.50	793.00
4	胶质导线	m	68.89	1.10	117.00
5	泵送商品混凝土 C20	m^3	14.25	310.00	6795.00
6	防水板	m^2	18.77	29.00	837.00
7	高压胶皮风管	m	5.95	47.00	430.00
8	钢筋	kg	1928.80	5.15	993.00
9	型钢	t	0.10	5100.00	816.00
合 计					17522

其他材料费 = 指标其他材料费 ×

$$\frac{\text{调整后的主要材料费}}{\text{指标(材料费小计－其他材料费－材料费中措施费分摊－隧道洞门、临时工程、隧道监控三项费用合计)}}$$

（1）6Z-011，次坚石其他材料费换算：

隧道洞口=767×19385/（28444-6425-1844-3413）=887（元）

临时工程=2489×19385/（28444-6425-1844-3413）=2878（元）

隧道监控=157×19385/（28444-6425-1844-3413）=182（元）

其他材料费=6425×19385/（28444-6425-1844-3413）=7430（元）

（2）6Z-012，普坚石其他材料费换算：

隧道洞口=767×17522/（25412−5071−1699−3413）=883（元）

临时工程=2489×17522/（25412−5071−1699−3413）=2864（元）

隧道监控=157×17522/（25412−5071−1699−3413）=181（元）

其他材料费=5071×17522/（25412−5071−1699−3413）=5835（元）

3．机械费换价：

（1）6AZ-011，次坚石见下表：

序号	机 械 名 称	单位	耗用量	单价（元）	合价（元）
1	混凝土搅拌机	台班	9.33	96.00	896
2	混凝土喷射机 4~6m^3/h	台班	0.92	106.00	97.52
3	电动空气压缩机 10m^3/min	台班	4.53	267.00	1210
4	工程钻机 孔径 ϕ500	台班	4.60	200.00	920
5	混凝土输送泵车 75m^3/h	台班	1.06	1673.00	1773
合 计					4897

（2）6AZ-012，普坚石见下表：

序号	机 械 名 称	单位	耗用量	单价（元）	合价（元）
1	混凝土搅拌机	台班	8.10	96.00	778
2	混凝土喷射机 4~6m^3/h	台班	0.80	106.00	85
3	电动空气压缩机 10m^3/min	台班	6.96	267.00	1858
4	工程钻机 孔径 ϕ500	台班	3.98	200.00	796
5	混凝土输送泵车 75m^3/h	台班	0.96	1673.00	1606
合 计					5123

$$其他机械费调整系数=\frac{调整后的机械费}{指标（机械费小计-其他机械费-机械费中措施费分摊）}$$

（1）6AZ-011，次坚石机械费换算：

其他机械费调整系数=4897/（9269−4271−106）=1

其他机械费调整=4271×1=4271（元）

（2）6AZ-012，普坚石机械费换算：

其他机械费调整系数=5123/（9278−4066−98）=1

其他机械费调整=4066×1=4066（元）

4．措施费计算：

措施费率为 5.08%（其中分摊比例：人工费占 8%，材料费占 87%，机械费占 5%）。其计算式为：

措施费=调整后的（人工费+材料费+机械费）×费率

（1）6AZ-011，次坚石措施费计算：

措施费=调整后的（人工费+材料费+机械费）×5.08%

=（8640+19385+3413+7430+4897+4271）×5.08% = 2440（元）

其中：人工费中措施费分摊= 2440×0.08 = 195（元）

材料费中措施费分摊= 2440×0.87 = 2122（元）

机械费中措施费分摊= 2440×0.05 = 122（元）

（2）6AZ-012，普坚石措施费计算：

措施费=调整后的（人工费+材料费+机械费）×5.08%

=（8055+17522+3413+5835+5123+4066）×5.08% = 2236（元）

其中：人工费中措施费分摊= 2236×0.08 = 179（元）

材料费中措施费分摊= 2236×0.87 = 1945（元）

机械费中措施费分摊= 2236×0.05 = 112（元）

（三）建筑安装工程直接费小计：

建筑安装工程直接费小计=人工费小计+材料费小计+机械费小计

其中：人工费小计=调整后的（人工费+人工费中措施费分摊）

材料费小计=调整后的（主材费+三项费用+其他材料费+材料费中措施费分摊）

机械费小计=调整后的（机械费+机械费中措施费分摊）

（1）6AZ-011，次坚石建筑安装工程直接费小计：

建筑安装工程直接费小计=8835+32350+9290=50475（元）

其中：人工费小计=8640+195=8835（元）

材料费小计=19385+3413+7430+2122=32350（元）

机械费小计=4897+4271+122=9290（元）

（2）6AZ-012，普坚石建筑安装工程直接费小计：

建筑安装工程直接费小计=8234+28715+9301=46250（元）

其中：人工费小计=8055+179=8234（元）

材料费小计=17522+3413+5835+1945=28715（元）

机械费小计=5123+4066+112=9301（元）

（四）综合费用计算：

采用综合费用费率为 27.68%。

综合费用=建筑安装工程直接费小计×综合费用费率

（1）6AZ-011，次坚石综合费用计算：50475×27.68%=13971（元）

（2）6AZ-012，普坚石综合费用计算：46250×27.68%=12802（元）

（五）建筑安装工程费合计：

建筑安装工程费合计=建筑安装工程直接费小计+综合费用

（1）6AZ-011，次坚石建筑安装工程费合计：50475+13971=64446（元）

（2）6AZ-012，普坚石建筑安装工程费合计：46250+12802=59052（元）

二、设备购置费：

本项为零。

三、指标基价计算：

（一）工程建设其他费用：

工程建设其他费用费率为 15%。

工程建设其他费用=调整后的（建筑安装工程费+设备购置费）×费率

（1）6AZ-011，次坚石工程建设其他费用=（64446+0）×15%=9667（元）

（2）6AZ-012，普坚石工程建设其他费用=（59052+0）×15%=8858（元）

（二）预备费：

基本预备费费率取定为 8%。

基本预备费=调整后的（建筑安装工程费+设备购置费+工程建设其他费用）×费率

（1）6AZ-011，次坚石基本预备费=（64446+0+9667）×8%=5929（元）

（2）6AZ-012，普坚石基本预备费=（59052+0+8858）×8%=5433（元）

（三）调整后的隧道每米的指标基价：

调整后的隧道每米指标基价=调整后的（建筑安装工程费+设备购置费+工程建设其他费用+基本预备费）

（1）6AZ-011，次坚石：

调整后的隧道每米指标基价=64446+0+9667+5929=80042（元）

（2）6AZ-012，普坚石：

调整后的隧道每米指标基价=59052+0+8858+5433=73343（元）

综合指标应用案例计算表详见下表。

四、建设项目总造价

建设项目总造价=每米指标总造价×延长米数量

=（80042×900×60%）+（73343×900×40%）

=69626160（元）

指标编号			单位	6AZ-011（换）		6AZ-012（换）	
项目				断面 $65m^2$ 以内			
				次坚石	占指标基价（%）	普坚石	占指标基价（%）
指标基价			元	80042	100.00	73343	100.00
一、建筑安装工程费			元	64446	80.52	59052	80.52
二、设备购置费			元	—	—	—	—
三、工程建设其他费用			元	9667	12.08	8858	12.08
四、基本预备费			元	5929	7.41	5433	7.41
建筑安装工程费							
直接费	人工费	人工	工日	192	—	179	—
		措施费分摊	元	195	—	179	—
		人工费小计	元	8835	11.04	8234	11.23
	材料费	合金钻头	个	6.63	—	8.01	—
		硝铵炸药	kg	113.13	—	137.41	—
		电雷管	个	178.22	—	206.26	—
		胶质导线	m	69.57	—	68.89	—
		泵送商品混凝土 C20	m^3	15.83	—	14.25	—
		LDPE 防水卷材	m^2	25.31	—	18.77	—
		高压胶皮风管	m	4.17	—	5.95	—
		钢筋	kg	2211.00	—	1928.80	—
		型钢	t	0.12	—	0.10	—
		隧道洞门	元	887	—	883	—
		临时工程	元	2878	—	2864	—
		隧道监控	元	182	—	181	—
		其他材料费	元	7430	—	5835	—
		措施费分摊	元	2122	—	1945	—
		材料费小计	元	32350	40.42	28715	39.15
	机械费	混凝土搅拌机	台班	9.33	—	8.10	—
		混凝土喷射机 $4\sim6m^3/h$	台班	0.92	—	0.80	—
		电动空气压缩机 $10m^3/min$	台班	4.53	—	6.96	—
		工程钻机 孔径 $\phi500$	台班	4.60	—	3.98	—
		混凝土输送泵车 $75m^3/h$	台班	1.06	—	0.96	—
		其他机械费	元	4271	—	4066	—
		措施费分摊	元	122	—	112	—
		机械费小计	元	9290	11.60	9301	12.68
	直接费小计		元	50475	—	46250	—
综合费用			元	13971	17.46	12802	17.46
合计			元	64446	—	59052	—

2　分项指标应用案例

例：西南地区某市拟建一城市道路下穿隧道，隧道总长 600 延长米，净宽 9m，设计断面为 $62m^2$。设计围岩Ⅱ、Ⅲ类，洞外自卸车弃碴运距 900m。本工程采用普通钻爆法施工，单口掘进，两台阶开挖。

市场人工、材料、机械台班价格如下表：

序号	材 料 名 称	规格型号	单位	价格（元）
1	人工		工日	45.00
2	电雷管		个	2.50
3	硝铵炸药		kg	6.97
4	胶质导线		m	1.10
5	合金钻头		个	36.00
6	六角空心钢		kg	6.00
7	高压胶皮风管		m	47.00
8	板方材		m^3	1500.00
9	抓钉		kg	5.00
10	水		m^3	1.00
11	电		kW·h	0.80
12	风动凿岩机		台班	2.00
13	风动锻钎机		台班	121.00
14	电动空气压缩机	$10m^3/min$	台班	267.00
15	轴流通风机	30kW	台班	30.00
16	装岩机	$0.45m^3$	台班	507.00
17	轨道平车	5t	台班	19.00
18	自卸汽车	10t 以内	台班	507.00

一、分项指标建筑安装工程费计算：

（一）根据工程特征描述，以隧道开挖及出碴为例，指标计算基础为每 $100m^3$。共涉及三个分项指标：

1. 开挖：断面小于 $65m^2$，Ⅱ、Ⅲ类围岩属于次坚石，查本册分项指标 6AF-011。
2. 石方洞内运输：隧道总长度 600m，洞内平均运距小于 500m，查本册分项指标 6AF-019。
3. 石方洞外运输：洞外运距 900m，小于 1km，查本册分项指标 6AF-021。

（二）综合指标按每米直接费中人工、材料费、机械费单价换价。

1. 人工费换价：

人工费=人工工日×（采用当时当地的）工日单价

（1）6AF-011：　　35 工日×45 元/工日=1575（元）

（2）6AF-019：　　36 工日×45 元/工日=1620（元）

（3）6AF-021：　　19 工日×45 元/工日=855（元）

2. 材料费换价：

（1）6AF-011 材料费换价见下表：

序号	材 料 名 称	单位	耗用量	单价（元）	合价（元）
1	电雷管	个	274.18	2.50	685.00
2	硝铵炸药	kg	174.04	6.97	1213.00
3	胶质导线	m	107.03	1.10	118.00
4	合金钻头	个	9.32	36.00	336.00
5	六角空心钢	kg	14.83	6.00	89.00
6	高压胶皮风管	m	5.59	47.00	263.00
7	水	m^3	30.85	1.00	31.00
8	电	kW·h	14.75	0.80	12.00
合　计					2746

（2）6AF-019 材料费换价见下表：

序号	材 料 名 称	单位	耗用量	单价（元）	合价（元）
1	板方材	m^3	0.31	1500.00	465.00
2	抓钉	kg	4.53	5.00	23.00
3	高压胶皮风管 $\phi 50$	m	0.83	47.00	39.00
合　计					527

（3）6AF-021：没有换价材料。

$$其他材料费=指标其他材料费\times\frac{调整后的主要材料费}{指标（材料费小计-其他材料费-材料费中措施费分摊）}$$

（1）6AF-011 其他材料费换算：

其他材料费=235×2746/（2183−235−241）=378（元）

（2）6AF-019 其他材料费换算：

其他材料费=33.9×527/（727−33.9−181）=35（元）

（3）6AF-021 其他材料费换算：本项为零。

3．机械费换价：

（1）6AF-011 机械费换价见下表：

序号	机 械 名 称	单位	耗用量	单价（元）	合价（元）
1	风动凿岩机	台班	18.79	2.00	38.00
2	风动锻钎机	台班	0.36	121.00	44.00
3	电动空气压缩机 $10m^3/min$	台班	6.97	267.00	1861.00
4	轴流通风机 30kW	台班	4.39	30.00	132.00
合　计					2074

（2）6AF-019 机械费换价见下表：

序号	机 械 名 称	单位	耗用量	单价（元）	合价（元）
1	装岩机 $0.45m^3$	台班	4.00	507.00	2028.00
2	轨道平车 5t	台班	10.00	19.00	190.00
合　计					2218

（3）6AF-021 机械费换价见下表：

序号	机 械 名 称	单位	耗用量	单价（元）	合价（元）
1	自卸汽车 10t 以内	台班	3.02	507.00	1531.00
	合　计				1531

$$其他机械费调整系数=\frac{调整后的机械费}{指标（机械费小计-其他机械费-机械费中措施费分摊）}$$

1）6AF-011 机械费换算：

其他机械费调整系数=2074/（2447−367−14）=1

其他机械费调整＝367×1＝367（元）

2）6AF-019 机械费换算：

其他机械费调整系数=2218/（2443−209−10）=1

其他机械费调整＝209×1＝209（元）

3）6AF-021 机械费换算：

其他机械费调整系数=1531/（1708−172−6）=1

其他机械费调整＝172×1＝172（元）

（三）措施费计算：

措施费率为 5.08%（其中分摊比例：人工费占 8%，材料费占 87%，机械费占 5%）。其计算式为：

措施费=调整后的（人工费+材料费+机械费）×费率

（1）6AF-011 措施费计算：

措施费=调整后的（人工费+材料费+机械费）×5.08%

=（1575+2746+378+2074+367）×5.08%=363（元）

其中：人工费中措施费分摊= 363×0.08 = 29（元）

材料费中措施费分摊= 363×0.87 = 316（元）

机械费中措施费分摊= 363×0.05 = 18（元）

（2）6AF-019 措施费计算：

措施费=调整后的（人工费+材料费+机械费）×5.08%

=（1620+527+35+2218+209）×5.08%=234（元）

其中：人工费中措施费分摊= 234×0.08 = 19（元）

材料费中措施费分摊= 234×0.87 = 203（元）

机械费中措施费分摊= 234×0.05 = 12（元）

（3）6AF-021 措施费计算：

措施费=调整后的（人工费+材料费+机械费）×5.08%

=（855+0+0+1531+172）×5.08%=130（元）

其中：人工费中措施费分摊= 130×0.08 = 10（元）

材料费中措施费分摊= 130×0.87 = 113（元）

机械费中措施费分摊= 130×0.05 = 7（元）

（四）建筑安装工程直接费小计：

建筑安装工程直接费小计=人工费小计+材料费小计+机械费小计

其中：人工费小计=调整后的（人工费+人工费中措施费分摊）

材料费小计=调整后的（材料费+材料费中措施费分摊）

机械费小计=调整后的（机械费+机械费中措施费分摊）

（1）6AF-011 建筑安装工程直接费小计：

建筑安装工程直接费小计=1604+3440+2459=7503（元）

其中：人工费小计=1575+29=1604（元）

材料费小计=2746+378+316=3440（元）

机械费小计=2074+367+18=2459（元）

（2）6AF-019 建筑安装工程直接费小计：

建筑安装工程直接费小计=1639+765+2439=4843（元）

其中：人工费小计=1620+19=1639（元）

材料费小计=527+35+203=765（元）

机械费小计=2218+209+12=2439（元）

（3）6AF-021 建筑安装工程直接费小计：

建筑安装工程直接费小计=865+113+1710=2688（元）

其中：人工费小计=855+10=865（元）

材料费小计=0+0+113=113（元）

机械费小计=1531+172+7=1710（元）

（五）综合费用计算：

采用综合费用费率为 27.68%。

综合费用=建筑安装工程直接费小计×综合费用费率

（1）6AF-011 综合费用计算：7503×27.68%=2077（元）

（2）6AF-019 综合费用计算：4843×27.68%=1341（元）

（3）6AF-021 综合费用计算：2688×27.68%=744（元）

（六）建筑安装工程费合计：

建筑安装工程费合计=建筑安装工程直接费小计+综合费用

（1）6AF-011 建筑安装工程费合计：7503+2077=9580（元）

（2）6AF-019 建筑安装工程费合计：4843+1341=6184（元）

（3）6AF-021 建筑安装工程费合计：2688+744=3432（元）

分项指标应用案例计算表详见下表。

二、建筑安装工程造价

建筑安装工程造价=每 100m^3 建筑安装工程费(开挖+洞内运输+洞外出碴)

=9580+6184+3432

=19196（元）

指标编号				6AF-011(换)		6AF-019（换）		6AF-021（换）	
项目			单位	断面 $65m^2$ 以内					
				次坚石	占指标基价(%)	次坚石	占指标基价(%)	运距 1km 以内	占指标基价(%)
指标基价			元	9580	100.00	6148	100.00	3432	100.00
一、建筑安装工程费			元	9580	100.00	6148	100.00	3432	100.00
二、设备购置费			元	—	—	—	—	—	—
建筑安装工程费									
直接费	人工费	人工	工日	35	—	36	—	19	—
		措施费分摊	元	22	—	17	—	10	—
		人工费小计	元	1604	15.05	1134	20.63	865	66.62
	材料费	电雷管	个	274.18	—	—	—	—	—
		硝铵炸药	kg	174.04	—	—	—	—	—
		胶质导线	m	107.03	—	—	—	—	—
		合金钻头	个	9.32	—	—	—	—	—
		六角空心钢	kg	14.83	—	—	—	—	—
		高压胶皮风管	m	5.59	—	—	—	—	—
		水	m^3	30.85	—	—	—	—	—
		电	kW·h	14.75	—	—	—	—	—
		板方材	m^3	—	—	0.31	—	—	—
		抓钉	kg	—	—	4.58	—	—	—
		高压胶皮风管 $\phi 50$	m	—	—	0.83	—	—	—
		其他材料费	元	378	—	35	—	—	—
		措施费分摊	元	316	—	203	—	113	—
		材料费小计	元	3440	29.83	765	13.23	113	11.07
	机械费	风动凿岩机	台班	18.79	—	—	—	—	—
		风动锻钎机	台班	0.36	—	—	—	—	—
		电动空气压缩机 $10m^3/min$	台班	6.97	—	—	—	—	—
		轴流通风机 30kW	台班	4.39	—	—	—	—	—
		装岩机 $0.45m^3$	台班	—	—	4	—	—	—
		轨道平车 5t	台班	—	—	10	—	—	—
		自卸汽车 10t 以内	台班	—	—	—	—	3.02	—
		措施费分摊	元	18	—	12	—	7	—
		机械费小计	元	2459	33.44	2439	44.46	1710	0.64
	直接费小计		元	7503	—	4843	—	2688	—
综合费用			元	2077	21.68	1341	21.68	744	21.68
合计			元	9580	—	6184	—	3432	—

B 软土隧道工程

B.1 软土隧道工程综合指标

说　　明

综合指标：按工程实体项目名称列项，以项目建议书及可行性研究报告阶段所能提供的工程项目和工程量为依据，本部分按隧道结构类型分列了矩形段隧道、圆形段隧道、隧道旁通管、隧道顶升立管、盾构工作井等。

1. 矩形隧道段。

采用不同的围护方式，开挖并建造矩形段车行隧道，以“米”为计量单位。

矩形段隧道按结构形式分为敞开段隧道和暗埋段隧道两大类，并根据隧道的埋深采用了多种围护施工，隧道的宽度按车道划分步距。

隧道埋深多种围护施工车道

项目名称	围护方法	结构地板深度（m）	项 目 划 分		
敞开段隧道	钻孔桩围护	≤6	二车道	四车道	六车道
	SMW 工法围护	≤10	二车道	四车道	六车道
暗埋段隧道	地下连续墙围护	≤10	二车道	四车道	六车道
	地下连续墙围护	≤20	二车道	四车道	六车道

车道宽度取定

单位：m

项 目 名 称	车 道 宽 度	结 构 高 度	结 构 分 段
二车道	9	5.25	20
四车道	18	5.25	20
六车道	27	5.25	20

2. 圆形隧道段。

采用不同的盾构掘进机械，开挖并建造圆形段隧道，以“米”为计量单位。

圆形段隧道按盾构机的类型分为土压平衡盾构和泥水平衡盾构两大类，并根据隧道盾构的直径划分步距，圆形隧道适用的工程项目见下表：

圆形隧道适用的工程项目

单位：m

项 目 名 称	项 目 划 分	适用工程项目
土压平衡盾构	D≤4	取水、排水隧道，电缆隧道
	D≤5	取水、排水隧道，电缆隧道
	D≤6	取水、排水隧道，电缆隧道，地铁隧道
	D≤7	取水、排水隧道，电缆隧道，地铁隧道
	D≤11	二车道公路隧道
	2×D6.2	双圆盾构地铁隧道
泥水平衡盾构	D≤4	取水、排水隧道，电缆隧道
	D≤5	取水、排水隧道，电缆隧道
	D≤6	取水、排水隧道，电缆隧道，地铁隧道
	D≤7	取水、排水隧道，电缆隧道，地铁隧道
	D≤11	二车道公路隧道
	D≤15	四车道公路隧道

隧道管片每环宽度、厚度设计已基本定形,本指标按下表取定。

隧道管片每环宽度、厚度的取定　　　　单位：m

盾构直径	$D \leqslant 4$	$D \leqslant 5$	$D \leqslant 6$	$D \leqslant 7$	$D \leqslant 11$	$D \leqslant 15$	$2 \times D6.2$
管片宽度	0.80	0.90	1.00	1.20	1.50	2.00	1.20
管片厚度	0.25	0.30	0.30	0.35	0.48	0.60	0.35

3. 隧道内旁通道。

隧道内旁通道指在两条隧道之间，采用暗挖法建造联络通道，以“米”为计量单位。

指标中旁通道断面取定为 2m×2m 和 2m×3m。

4. 隧道顶升立管。

垂直顶升立管工艺，适用于工业取、排水隧道工程。拟在江、海底建造隧道中通过顶升立管将水域与隧道贯通，达到取水、排水的功能。以“座”为计量单位。

指标中顶升立管按 6m、8m、10m 三档步距列项。

管节外尺寸：2m×2m×1m（长×宽×高），管壁厚 0.15m。

5. 盾构工作井。

本指标列了两种施工方法，沉井法施工筑井和地下连续墙围护筑井。以“座”为计量单位。

盾构工作井的尺寸是根据隧道直径取定的。工作井适用的隧道直径见下表：

盾构工作井尺寸的取定　　　　单位：m

井　长	井　宽	井　深	适用隧道直径
10	8	10	$D \leqslant 4$，$D \leqslant 5$
15	12	15	$D \leqslant 5$，$D \leqslant 6$
20	15	20	$D \leqslant 6$，$D \leqslant 7$
20	15	15	$D \leqslant 6$，$D \leqslant 11$
25	20	20	$D \leqslant 11$，$2 \times D6.2$
30	25	25	$D \leqslant 11$，$D \leqslant 15$

6. 综合指标的应用。

当项目设计深度无法确定分项工程量时，直接套用综合指标；当项目设计深度达到能够确定分项指标工程量时，可按综合指标主要工程量取定（见附录B.1），先调整分项指标含量，再计算综合指标。

7. 本分册综合指标中已包括土方及泥浆外运费用。

B.1.1 矩形引道段隧道

工程特征： 采用搅拌桩或钻孔桩作围护，开挖并建造引道段车行隧道(结构埋深≤6m)。

工程内容： 深层搅拌桩围护，基坑开挖，安装、拆除钢支撑围令，降水、地基加固，内部结构施工，土方外运等。

单位：m

指标编号				6BZ-001		6BZ-002		6BZ-003	
项目			单位	深层搅拌桩、钻孔桩围护					
				二车道	占指标基价（%）	四车道	占指标基价（%）	六车道	占指标基价（%）
指标基价			元	39697	100.00	64504	100.00	87940	100.00
一、建筑安装工程费			元	32672	82.30	53090	82.30	72378	82.30
二、设备购置费			元	—	—	—	—	—	—
三、工程建设其他费用			元	4084	10.29	6636	10.29	9047	10.29
四、基本预备费			元	2941	7.41	4778	7.41	6514	7.41
建筑安装工程费									
直接费	人工费	人工	工日	62	—	87	—	111	—
		措施费分摊	元	99	—	161	—	219	—
		人工费小计	元	2037	5.13	2849	4.42	3671	4.17
	材料费	水泥 42.5	t	3.84	—	2.25	—	2.25	—
		商品混凝土 C20	m^3	—	—	4.97	—	6.66	—
		商品混凝土 C30	m^3	14.39	—	22.08	—	29.99	—
		钢筋	t	1.93	—	3.54	—	4.85	—
		粗加工钢材	t	0.63	—	0.92	—	1.31	—
		木模成材	m^3	0.12	—	0.15	—	0.18	—
		电焊条	kg	9.68	—	14.06	—	18.63	—
		内防水橡胶止水带	m	0.82	—	1.31	—	1.80	—
		平板形橡胶止水带	m	0.65	—	1.31	—	1.80	—
		中粒式沥青混凝土（AC-30）	t	1.13	—	2.25	—	3.38	—
		细粒式沥青混凝土（AC-13）	t	0.66	—	1.32	—	1.99	—
		抗滑表层（AK-13-0）	t	0.90	—	1.79	—	2.69	—
		其他材料费	元	460	—	803	—	1120	—
		措施费分摊	元	1076	—	1749	—	2384	—
		材料费小计	元	18220	45.90	30496	47.28	41738	47.46
	机械费	深层水泥搅拌桩机	台班	0.74	—	0.43	—	0.43	—
		工程钻机（GPJ15）	台班	—	—	0.85	—	1.14	—
		履带式起重机 15t	台班	2.46	—	4.24	—	6.04	—
		混凝土输送泵车 $75m^3/h$	台班	0.25	—	0.35	—	0.45	—
		汽车式起重机 5t	台班	0.19	—	0.23	—	0.28	—
		交流电焊机 30kV·A	台班	1.86	—	2.58	—	3.33	—
		机械外运土方	m^3	41.41	—	81.29	—	118.79	—
		其他机械费	元	1051	—	1891	—	2674	—
		措施费分摊	元	62	—	101	—	137	—
		机械费小计	元	5333	13.43	8235	12.77	11279	12.83
	直接费小计		元	25589	64.46	41580	64.46	56687	64.46
综合费用			元	7083	17.84	11509	17.84	15691	17.84
合计			元	32672	82.30	53090	82.30	72378	82.30

工程特征：采用 SMW 工法作围护，开挖并建造引道段车行隧道(结构埋深≤10m)。

工程内容：SMW 工法围护，基坑开挖，安装、拆除钢支撑围令，降水、地基加固，内部结构施工，机械外运土方等。

单位：m

指标编号				6BZ-004		6BZ-005		6BZ-006	
项目			单位	SMW 工法围护					
				二车道	占指标基价（%）	四车道	占指标基价（%）	六车道	占指标基价（%）
指标基价			元	53904	100.00	79831	100.00	104355	100.00
一、建筑安装工程费			元	44365	82.30	65704	82.30	85889	82.30
二、设备购置费			元	—	—	—	—	—	—
三、工程建设其他费用			元	5546	10.29	8213	10.29	10736	10.29
四、基本预备费			元	3993	7.41	5913	7.41	7730	7.41
建筑安装工程费									
直接费	人工费	人工	工日	72	—	100	—	125	—
		措施费分摊	元	134	—	199	—	260	—
		人工费小计	元	2381	4.42	3287	4.12	4128	3.96
	材料费	水泥 42.5	t	6.05	—	6.05	—	5.39	—
		商品混凝土 C20	m^3	0.73	—	0.73	—	0.73	—
		商品混凝土 C30	m^3	17.68	—	26.45	—	34.65	—
		钢筋	t	2.34	—	3.49	—	4.59	—
		H 型钢桩	t	0.24	—	0.24	—	0.24	—
		粗加工钢材	t	0.70	—	1.20	—	1.69	—
		木模成材	m^3	0.16	—	0.19	—	0.23	—
		电焊条	kg	12.43	—	17.72	—	22.54	—
		内防水橡胶止水带	m	1.00	—	1.49	—	1.98	—
		平板形橡胶止水带	m	1.00	—	1.49	—	1.98	—
		中粒式沥青混凝土（AC-30）	t	1.13	—	2.25	—	3.38	—
		细粒式沥青混凝土（AC-13）	t	0.66	—	1.32	—	1.99	—
		抗滑表层（AK-13-0）	t	0.90	—	1.79	—	2.69	—
		其他材料费	元	605	—	935	—	1254	—
		措施费分摊	元	1461	—	2164	—	2829	—
		材料费小计	元	24002	44.53	35014	43.86	45355	43.46
	机械费	搅拌桩机三轴钻	台班	0.12	—	0.14	—	0.15	—
		深层水泥搅拌桩机	台班	0.13	—	0.13	—	0.13	—
		履带式起重机 15t	台班	3.88	—	6.64	—	9.33	—
		混凝土输送泵车 $75m^3/h$	台班	0.32	—	0.43	—	0.54	—
		汽车式起重机 5t	台班	0.76	—	1.07	—	1.37	—
		交流电焊机 30kV·A	台班	1.76	—	1.92	—	1.96	—
		机械外运土方	m^3	71.95	—	124.48	—	176.50	—
		其他机械费	元	2504	—	4178	—	5836	—
		措施费分摊	元	84	—	124	—	163	—
		机械费小计	元	8365	15.52	13160	16.48	17786	17.04
	直接费小计		元	34747	64.46	51460	64.46	67269	64.46
综合费用			元	9618	17.84	14244	17.84	18620	17.84
合计			元	44365	82.30	65704	82.30	85889	82.30

B.1.2 矩形暗埋段隧道

工程特征：采用 SMW 工法作围护，开挖并建造暗埋段车行隧道(结构地板埋深≤10m)。

工程内容：SMW 工法围护，基坑开挖，安装、拆除钢支撑围令，降水、地基加固，内部结构施工，机械外运土方等。

单位：m

指标编号				6BZ-007		6BZ-008		6BZ-009	
项目			单位	SMW 工法围护					
				二车道	占指标基价（%）	四车道	占指标基价（%）	六车道	占指标基价（%）
指标基价			元	80207	100.00	146792	100.00	195680	100.00
一、建筑安装工程费			元	66014	82.30	120817	82.30	161053	82.30
二、设备购置费			元	—	—	—	—	—	—
三、工程建设其他费用			元	8252	10.29	15102	10.29	20132	10.29
四、基本预备费			元	5941	7.41	10873	7.41	14495	7.41
建筑安装工程费									
直接费	人工费	人工	工日	116	—	198	—	256	—
		措施费分摊	元	200	—	366	—	488	—
		人工费小计	元	3799	4.74	6510	4.43	8432	4.31
	材料费	水泥 42.5	t	7.40	—	7.40	—	8.25	—
		商品混凝土 C20	m^3	1.01	—	1.01	—	1.12	—
		商品混凝土 C30	m^3	27.34	—	56.45	—	75.25	—
		钢筋	t	3.42	—	6.75	—	8.90	—
		H 型钢桩	t	0.32	—	0.32	—	0.36	—
		粗加工钢材	t	0.94	—	1.88	—	2.63	—
		木模成材	m^3	0.22	—	0.35	—	0.41	—
		电焊条	kg	21.92	—	43.20	—	57.30	—
		内防水橡胶止水带	m	1.30	—	2.79	—	3.62	—
		平板形橡胶止水带	m	1.30	—	2.79	—	3.62	—
		中粒式沥青混凝土（AC-30）	t	1.13	—	2.50	—	3.63	—
		细粒式沥青混凝土（AC-13）	t	0.66	—	1.47	—	2.13	—
		抗滑表层（AK-13-0）	t	0.90	—	1.99	—	2.89	—
		改良沥青防水卷材	m^2	12.35	—	25.36	—	36.01	—
		其他材料费	元	876	—	1684	—	2266	—
		措施费分摊	元	2175	—	3980	—	5305	—
		材料费小计	元	34637	43.18	64582	44.00	85472	43.68
	机械费	搅拌桩机三轴钻	台班	0.21	—	0.21	—	0.24	—
		履带式起重机 25t	台班	6.59	—	12.78	—	17.96	—
		混凝土输送泵车 75m^3/h	台班	0.55	—	1.08	—	1.41	—
		汽车式起重机 5t	台班	1.46	—	2.61	—	3.48	—
		交流电焊机 30kV·A	台班	4.53	—	8.60	—	11.10	—
		机械外运土方	m^3	109.43	—	207.79	—	293.14	—
		其他机械费	元	3112	—	5723	—	7962	—
		措施费分摊	元	125	—	229	—	305	—
		机械费小计	元	13267	16.54	23533	16.03	32235	16.47
	直接费小计		元	51703	64.46	94625	64.46	126138	64.46
综合费用			元	14311	17.84	26192	17.84	34915	17.84
合计			元	66014	82.30	120817	82.30	161053	82.30

工程特征：采用地下墙作围护，开挖并建造暗埋段车行隧道（结构地板埋深≤15m）。

工程内容：地下连续墙围护，基坑开挖，安装、拆除钢支撑围令，降水、地基加固，内部结构施工，机械外运土方等。

单位：m

指标编号				6BZ-010		6BZ-011		6BZ-012	
项目			单位	地下连续墙围护					
				二车道	占指标基价（%）	四车道	占指标基价（%）	六车道	占指标基价（%）
指标基价			元	225385	100.00	319858	100.00	400314	100.00
一、建筑安装工程费			元	185502	82.30	263257	82.30	329476	82.30
二、设备购置费			元	—	—	—	—	—	—
三、工程建设其他费用			元	23188	10.29	32907	10.29	41185	10.29
四、基本预备费			元	16695	7.41	23693	7.41	29653	7.41
建筑安装工程费									
直接费	人工费	人工	工日	358	—	482	—	589	—
		措施费分摊	元	562	—	797	—	998	—
		人工费小计	元	11671	5.18	15754	4.93	19275	4.81
	材料费	商品混凝土 C30	m^3	85.62	—	121.86	—	150.43	—
		钢筋	t	10.79	—	14.89	—	18.29	—
		护壁泥浆	m^3	59.12	—	63.44	—	73.08	—
		粗加工钢材	t	2.03	—	3.35	—	4.44	—
		木模成材	m^3	0.96	—	1.89	—	1.95	—
		电焊条	kg	97.65	—	127.01	—	153.07	—
		内防水橡胶止水带	m	1.30	—	2.74	—	3.53	—
		平板形橡胶止水带	m	0.83	—	1.79	—	2.57	—
		中粒式沥青混凝土（AC-30）	t	1.19	—	2.57	—	3.69	—
		细粒式沥青混凝土（AC-13）	t	0.70	—	1.51	—	2.17	—
		抗滑表层（AK-13-0）	t	0.95	—	2.04	—	2.94	—
		环氧聚氨酯涂料	m^2	12.87	—	26.22	—	37.15	—
		其他材料费	元	2093	—	3090	—	3918	—
		措施费分摊	元	6111	—	8672	—	10853	—
		材料费小计	元	98634	43.76	138143	43.19	170825	42.67
	机械费	履带式液压抓斗成槽机	台班	2.93	—	3.12	—	3.61	—
		泥浆制作循环设备	台班	2.82	—	3.00	—	3.47	—
		履带式起重机 25t	台班	14.51	—	25.59	—	34.62	—
		混凝土输送泵车 $75m^3/h$	台班	0.58	—	1.17	—	1.50	—
		汽车式起重机 5t	台班	1.93	—	3.79	—	5.30	—
		交流电焊机 30kV·A	台班	19.44	—	24.99	—	29.87	—
		机械外运泥浆	m^3	10.39	—	11.20	—	12.87	—
		机械外运土方	m^3	171.03	—	308.39	—	424.83	—
		其他机械费	元	4526	—	8854	—	12434	—
		措施费分摊	元	351	—	498	—	624	—
		机械费小计	元	34982	15.52	52288	16.35	67949	16.97
	直接费小计		元	145286	64.46	206185	64.46	258049	64.46
综合费用			元	40215	17.84	57072	17.84	71428	17.84
合计			元	185502	82.30	263257	82.30	329476	82.30

B.1.3 圆形隧道（土压平衡盾构掘进）

工程特征： $D≤4$m、$D≤5$m、$D≤6$m 适用于工业取水、排水隧道、电缆隧道等。

工程内容： 盾构安装、拆除，盾构掘进，管片制作、拼装，设置密封条，衬砌压浆，柔性接缝环，隧道内照明、运输、通风、通信、监控、测量，弓底及内衬墙等。

单位：m

指标编号			单位	6BZ-013		6BZ-014		6BZ-015	
				土压平衡盾构掘进圆形隧道（m）					
项目				$D≤4$	占指标基价（%）	$D≤5$	占指标基价（%）	$D≤6$	占指标基价（%）
指标基价			元	25057	100.00	35680	100.00	45140	100.00
一、建筑安装工程费			元	20623	82.30	29366	82.30	37153	82.30
二、设备购置费			元	—	—	—	—	—	—
三、工程建设其他费用			元	2578	10.29	3671	10.29	4644	10.29
四、基本预备费			元	1856	7.41	2643	7.41	3344	7.41
建筑安装工程费									
直接费	人工费	人工	工日	82	—	107	—	113	—
		措施费分摊	元	62	—	89	—	113	—
		人工费小计	元	2595	10.36	3405	9.54	3611	8.00
	材料费	商品混凝土 C30	m^3	1.80	—	2.93	—	4.46	—
		预制混凝土 C40	m^3	3.05	—	4.58	—	5.56	—
		木模成材	m^3	0.03	—	0.05	—	0.07	—
		钢筋	t	0.69	—	1.09	—	1.44	—
		管片钢模	kg	33.70	—	47.81	—	54.77	—
		氯丁橡胶条	kg	18.05	—	22.70	—	34.34	—
		管片连接螺栓	kg	61.32	—	70.28	—	116.33	—
		粗加工钢材	t	0.05	—	0.06	—	0.07	—
		细加工钢材	t	0.08	—	0.11	—	0.14	—
		盾尾油脂	kg	18.11	—	22.71	—	27.20	—
		磨细粉煤灰	t	2.72	—	3.40	—	4.08	—
		膨润土	kg	116.53	—	145.66	—	174.79	—
		水玻璃	kg	44.76	—	55.95	—	67.14	—
		电焊条	kg	8.41	—	10.83	—	12.72	—
		电	kW·h	339.48	—	451.93	—	666.33	—
		其他材料费	元	578	—	811	—	972	—
		措施费分摊	元	679	—	967	—	1224	—
		材料费小计	元	8648	34.51	12422	34.82	16329	36.17
	机械费	土压平衡盾构机	台班	0.63	—	0.68	—	0.81	—
		盾构同步压浆泵	台班	0.27	—	0.34	—	0.41	—
		龙门式起重机 10t	台班	3.59	—	4.94	—	4.75	—
		混凝土输送泵车 $75m^3/h$	台班	0.04	—	0.07	—	0.11	—
		机械外运土方	m^3	12.56	—	19.63	—	28.26	—
		其他机械费	元	2101	—	2957	—	3971	—
		措施费分摊	元	39	—	56	—	70	—
		机械费小计	元	4909	19.59	7172	20.10	9158	20.29
	直接费小计		元	16152	64.46	23000	64.46	29098	64.46
综合费用			元	4471	17.84	6366	17.84	8054	17.84
合计			元	20623	82.30	29366	82.30	37153	82.30

工程特征：D≤7m、2×D6.2m 适用于地铁隧道；D≤11m 适用于公路交通隧道。

工程内容：盾构安装、拆除，盾构掘进，管片制作、拼装，设置密封条，衬砌压浆，柔性接缝环，隧道内照明、运输、通风、通信、监控、测量等。D≤11m 的公路隧道，包括隧道内二车道路面结构。

单位：m

指标编号				6BZ-016		6BZ-017		6BZ-018	
项目			单位	土压平衡盾构掘进圆形隧道（m）					
				D≤7	占指标基价（%）	D≤11	占指标基价（%）	2×D6.2 双圆盾构	占指标基价（%）
指标基价			元	51888	100.00	126137	100.00	94757	100.00
一、建筑安装工程费			元	42706	82.30	103817	82.30	77989	82.30
二、设备购置费			元	—	—	—	—	—	—
三、工程建设其他费用			元	5338	10.29	12977	10.29	9749	10.29
四、基本预备费			元	3844	7.41	9344	7.41	7019	7.41
建筑安装工程费									
直接费	人工费	人工	工日	118	—	260	—	214	—
		措施费分摊	元	129	—	314	—	236	—
		人工费小计	元	3781	7.29	8395	6.66	6888	7.27
	材料费	商品混凝土 C30	m^3	3.08	—	10.54	—	3.52	—
		预制混凝土 C40	m^3	7.57	—	24.62	—	13.31	—
		木模成材	m^3	0.02	—	0.33	—	0.03	—
		钢筋	t	1.54	—	4.21	—	2.68	—
		管片钢模	kg	89.45	—	145.53	—	131.16	—
		氯丁橡胶条	kg	40.32	—	84.64	—	109.33	—
		管片连接螺栓	kg	171.35	—	456.59	—	241.34	—
		粗加工钢材	t	0.13	—	0.33	—	0.32	—
		细加工钢材	t	0.13	—	0.29	—	0.18	—
		盾尾油脂	kg	31.81	—	50.41	—	55.75	—
		膨润土	kg	203.92	—	320.45	—	361.23	—
		水玻璃	kg	78.33	—	123.09	—	138.76	—
		电焊条	kg	17.55	—	36.10	—	31.25	—
		电	kW·h	1058.98	—	1759.38	—	1443.51	—
		中粒式沥青混凝土（AC-30）	t	—	—	0.97	—	—	—
		细粒式沥青混凝土（AC-13）	t	—	—	0.57	—	—	—
		其他材料费	元	717	—	2111	—	1639	—
		措施费分摊	元	1407	—	3420	—	2569	—
		材料费小计	元	17930	34.56	47193	37.41	31803	33.56
	机械费	土压平衡盾构机	台班	1.04	—	1.60	—	1.07	—
		盾构同步压浆泵	台班	0.48	—	0.75	—	0.84	—
		龙门式起重机 20t	台班	6.03	—	9.74	—	5.00	—
		混凝土输送泵车 $75m^3/h$	台班	0.12	—	0.45	—	0.15	—
		机械外运土方	m^3	38.47	—	94.99	—	60.35	—
		其他机械费	元	3195	—	8185	—	9759	—
		措施费分摊	元	81	—	197	—	148	—
		机械费小计	元	11737	22.62	25722	20.39	22391	23.63
	直接费小计		元	33448	64.46	81310	64.46	61082	64.46
综合费用			元	9258	17.84	22507	17.84	16907	17.84
合计			元	42706	82.30	103817	82.30	77989	82.30

B.1.4 圆形隧道（泥水平衡盾构掘进）

工程特征： $D \leqslant 4$m、$D \leqslant 5$m、$D \leqslant 6$m 适用于工业取水、排水隧道、电缆隧道等。

工程内容： 盾构安装、拆除，盾构掘进，管片制作、拼装，设置密封条，衬砌压浆，柔性接缝环，隧道内照明、运输、通风、通信、监控、测量，弓底及内衬墙等。

单位：m

指标编号				6BZ-019		6BZ-020		6BZ-021	
项目			单位	泥水平衡盾构掘进圆形隧道（m）					
				$D \leqslant 4$	占指标基价（%）	$D \leqslant 5$	占指标基价（%）	$D \leqslant 6$	占指标基价（%）
指标基价			元	25225	100.00	36050	100.00	46408	100.00
一、建筑安装工程费			元	20761	82.30	29671	82.30	38196	82.30
二、设备购置费			元	—	—	—	—	—	—
三、工程建设其他费用			元	2595	10.29	3709	10.29	4775	10.29
四、基本预备费			元	1869	7.41	2670	7.41	3438	7.41
建筑安装工程费									
直接费	人工费	人工	工日	65	—	89	—	102	—
		措施费分摊	元	63	—	90	—	116	—
		人工费小计	元	2072	8.21	2847	7.90	3273	7.05
	材料费	商品混凝土 C30	m^3	1.80	—	2.93	—	4.46	—
		预制混凝土 C40	m^3	3.05	—	4.58	—	5.56	—
		木模成材	m^3	0.03	—	0.05	—	0.07	—
		钢筋	t	0.69	—	1.09	—	1.44	—
		管片钢模	kg	33.70	—	47.81	—	54.77	—
		氯丁橡胶条	kg	18.05	—	22.70	—	34.34	—
		管片连接螺栓	kg	61.32	—	70.28	—	116.33	—
		粗加工钢材	t	0.08	—	0.12	—	0.16	—
		细加工钢材	t	0.05	—	0.07	—	0.08	—
		盾尾油脂	kg	18.11	—	22.71	—	27.20	—
		磨细粉煤灰	t	2.72	—	3.40	—	4.08	—
		膨润土	kg	116.53	—	145.66	—	174.79	—
		水玻璃	kg	44.76	—	55.95	—	67.14	—
		电焊条	kg	8.41	—	10.86	—	12.72	—
		电	kW·h	306.62	—	411.67	—	609.60	—
		其他材料费	元	577	—	815	—	981	—
		措施费分摊	元	684	—	977	—	1258	—
		材料费小计	元	8608	34.12	12467	34.58	16420	35.38
	机械费	泥水平衡盾构机	台班	0.56	—	0.62	—	0.75	—
		多级离心泵 ϕ150 扬程 180m	台班	1.26	—	1.36	—	1.76	—
		盾构同步压浆泵	台班	0.27	—	0.34	—	0.41	—
		龙门式起重机 10t	台班	3.59	—	4.94	—	4.75	—
		混凝土输送泵车 75m^3/h	台班	0.04	—	0.07	—	0.11	—
		机械外运泥浆	m^3	12.56	—	19.63	—	28.26	—
		其他机械费	元	2156	—	3001	—	4055	—
		措施费分摊	元	39	—	56	—	72	—
		机械费小计	元	5581	22.12	7925	21.98	10222	22.03
	直接费小计		元	16260	64.46	23238	64.46	29915	64.46
综合费用			元	4501	17.84	6432	17.84	8281	17.84
合计			元	20761	82.30	29671	82.30	38196	82.30

工程特征：$D≤7$m 适用于地铁隧道；$D≤11$m、$D≤15$m 适用于公路交通隧道。

工程内容：盾构安装、拆除，盾构掘进，管片制作、拼装，设置密封条，衬砌压浆，柔性接缝环，隧道内照明、运输、通风、通信、监控、测量等。$D≤11$m 的公路隧道，包括隧道内二车道路面结构，$D≤15$m 的公路隧道，包括隧道内四车道路面结构。

单位：m

指标编号				6BZ-022		6BZ-023		6BZ-024	
				泥水平衡盾构掘进圆形隧道（m）					
项目			单位	$D≤7$	占指标基价(%)	$D≤11$	占指标基价(%)	$D≤15$	占指标基价(%)
指标基价			元	52682	100.00	123931	100.00	223659	100.00
一、建筑安装工程费			元	43360	82.30	102001	82.30	184081	82.30
二、设备购置费			元	—	—	—	—	—	—
三、工程建设其他费用			元	5420	10.29	12750	10.29	23010	10.29
四、基本预备费			元	3902	7.41	9180	7.41	16567	7.41
建筑安装工程费									
直接费	人工费	人工	工日	116	—	261	—	411	—
		措施费分摊	元	131	—	309	—	558	—
		人工费小计	元	3741	7.10	8400	6.78	13323	5.96
	材料费	商品混凝土 C30	m^3	3.08	—	10.18	—	13.88	—
		预制混凝土 C40	m^3	7.57	—	16.41	—	28.09	—
		木模成材	m^3	0.02	—	0.20	—	0.43	—
		钢筋	t	1.53	—	4.29	—	7.81	—
		管片钢模	kg	74.55	—	145.53	—	235.22	—
		氯丁橡胶条	kg	40.32	—	84.64	—	97.86	—
		管片连接螺栓	kg	171.35	—	452.14	—	628.56	—
		粗加工钢材	t	0.13	—	0.39	—	0.65	—
		细加工钢材	t	0.11	—	0.47	—	0.38	—
		盾尾油脂	kg	31.81	—	49.91	—	68.87	—
		膨润土	kg	203.92	—	320.45	—	436.97	—
		水玻璃	kg	78.33	—	123.09	—	167.85	—
		电焊条	kg	24.38	—	36.43	—	57.04	—
		电	kW·h	849.75	—	1738.78	—	2544.31	—
		中粒式沥青混凝土（AC-30）	t	—	—	0.97	—	1.87	—
		细粒式沥青混凝土（AC-13）	t	—	—	0.57	—	1.10	—
		其他材料费	元	710	—	2112	—	3323	—
		措施费分摊	元	1428	—	3360	—	6064	—
		材料费小计	元	17557	33.33	45253	36.51	72297	32.32
	机械费	泥水平衡盾构机	台班	0.88	—	1.29	—	1.83	—
		多级离心泵 $\phi150$ 扬程180m	台班	2.06	—	2.57	—	5.40	—
		盾构同步压浆泵	台班	0.48	—	0.75	—	1.02	—
		龙门式起重机 20t	台班	6.09	—	10.11	—	18.02	—
		混凝土输送泵车 $75m^3/h$	台班	0.12	—	0.45	—	0.75	—
		机械外运泥浆	m^3	38.47	—	94.99	—	176.63	—
		其他机械费	元	3240	—	7923	—	15883	—
		措施费分摊	元	82	—	193	—	348	—
		机械费小计	元	12661	24.03	26235	21.17	58554	26.18
	直接费小计		元	33960	64.46	79888	64.46	144174	64.46
综合费用			元	9400	17.84	22113	17.84	39907	17.84
合计			元	43360	82.30	102001	82.30	184081	82.30

B.1.5 隧道顶升立管

工程特征：适用于工业取水、排水隧道，建造水底取水口。

工程内容：管节制作，垂直顶升、安装止水框连系梁，阴极保护，立管揭顶盖等。

单位：座

指标编号				6BZ-025		6BZ-026		6BZ-027	
项目			单位	顶升立管高度（m）					
				6	占指标基价（%）	8	占指标基价（%）	10	占指标基价（%）
指标基价			元	473213	100.00	525832	100.00	609366	100.00
一、建筑安装工程费			元	249476	52.72	317557	60.39	386310	63.40
二、设备购置费			元	140000	29.59	140000	26.62	140000	22.97
三、工程建设其他费用			元	48684	10.29	39695	7.55	48289	7.92
四、基本预备费			元	35053	7.41	28580	5.44	34768	5.71
建筑安装工程费									
直接费	人工费	人工	工日	1089	—	1388	—	1687	—
		措施费分摊	元	756	—	962	—	1170	—
		人工费小计	元	34547	7.30	44032	8.37	53518	8.78
	材料费	预制混凝土 C40	m^3	6.90	—	9.20	—	11.50	—
		枕木	m^3	0.44	—	0.30	—	0.37	—
		钢筋	t	1.55	—	2.06	—	2.58	—
		粗加工钢材	t	10.83	—	13.49	—	16.14	—
		细加工钢材	t	0.30	—	0.36	—	0.42	—
		不锈钢板	kg	536.11	—	714.82	—	893.52	—
		环氧沥青漆	kg	111.34	—	148.46	—	185.57	—
		聚氨酯固化剂	kg	55.70	—	74.27	—	92.84	—
		橡胶板	kg	63.46	—	36.72	—	45.90	—
		电焊条	t	471.31	—	571.66	—	672.01	—
		铜芯电缆	m	630.00	—	840.00	—	1050.00	—
		不锈钢螺丝	只	48.96	—	48.96	—	48.96	—
		其他材料费	元	3669	—	4652	—	5635	—
		措施费分摊	元	8218	—	10461	—	12726	—
		材料费小计	元	107614	22.74	137227	26.10	167362	27.46
	机械费	垂直顶升设备	台班	3.50	—	4.32	—	5.14	—
		龙门式起重机 10t	台班	67.81	—	87.01	—	106.21	—
		交流电焊机 30kV·A	台班	131.51	—	167.23	—	202.95	—
		双慢电动卷扬机 10t	台班	4.13	—	4.95	—	5.77	—
		其他机械费	元	17077	—	21441	—	25805	—
		措施费分摊	元	472	—	601	—	731	—
		机械费小计	元	53230	11.25	67455	12.83	81681	13.40
	直接费小计		元	195391	41.29	248713	47.30	302561	49.65
综合费用			元	54084	11.43	68844	13.09	83749	13.74
合计			元	249476	52.72	317557	60.39	386310	63.40

B.1.6 旁 通 道

工程特征：在两条隧道之间，采用暗挖法建造联络通道。

工程内容：注浆法加固土体，拆除隧道管片，开挖锚喷混凝土，浇注混凝土，接缝处置等。

单位：m

指标编号			单位	6BZ-028		6BZ-029	
项目				断面尺寸（m）			
				2×2	占指标基价（%）	2×3	占指标基价（%）
指标基价			元	136416	100.00	146444	100.00
一、建筑安装工程费			元	112276	82.30	120530	82.30
二、设备购置费			元	—	—	—	—
三、工程建设其他费用			元	14035	10.29	15066	10.29
四、基本预备费			元	10105	7.41	10848	7.41
建筑安装工程费							
直接费	人工费	人工	工日	426	—	457	—
		措施费分摊	元	340	—	365	—
		人工费小计	元	13565	9.94	14535	9.93
	材料费	商品混凝土 C40	m^3	12.65	—	13.53	—
		水泥 42.5	t	16.04	—	17.26	—
		乳胶水泥	kg	172.91	—	188.85	—
		木模成材	m^3	3.37	—	3.56	—
		磨细粉煤灰	t	11.85	—	12.75	—
		钢筋	t	1.43	—	1.51	—
		粗加工钢材	t	0.93	—	1.00	—
		注浆阀管	m	1812.90	—	1950.90	—
		膨润土	kg	3310.93	—	3562.97	—
		电焊条	kg	90.93	—	97.92	—
		303 氯丁酚醛胶	kg	22.49	—	24.56	—
		结皮海绵橡胶板	kg	62.53	—	68.29	—
		内防水橡胶止水带	m	2.32	—	2.54	—
		其他材料费	元	4696	—	5044	—
		措施费分摊	元	3699	—	3970	—
		材料费小计	元	61202	44.86	65723	44.88
	机械费	混凝土输送泵车 $75m^3/h$	台班	1.87	—	1.98	—
		龙门式起重机 10t	台班	12.40	—	13.31	—
		混凝土喷射机	台班	0.47	—	0.51	—
		电动空压机 $6m^3$	台班	3.79	—	4.28	—
		交流电焊机 30kV·A	台班	15.51	—	16.29	—
		其他机械费	元	4380	—	4734	—
		措施费分摊	元	213	—	228	—
		机械费小计	元	13169	9.65	14143	9.66
	直接费小计		元	87936	64.46	94400	64.46
	综合费用		元	24341	17.84	26130	17.84
	合计		元	112276	82.30	120530	82.30

B.1.7 盾构工作井（沉井法施工）

工程特征：采用沉井方法建造盾构工作井，排水下沉方法施工。

工程内容：沉井制作、下沉出土，沉井封底，钢封门安装、拆除，工作井内部结构等。

单位：座

指标编号				6BZ-030		6BZ-031		6BZ-032	
				盾构工作井（长×宽×深）（m）					
项目			单位	10×8×10	占指标基价（%）	15×12×15	占指标基价（%）	20×15×20	占指标基价（%）
指标基价			元	1476826	100.00	3992090	100.00	8034343	100.00
一、建筑安装工程费			元	1215495	82.30	3285671	82.30	6612628	82.30
二、设备购置费			元	—	—	—	—	—	—
三、工程建设其他费用			元	151937	10.29	410709	10.29	826579	10.29
四、基本预备费			元	109395	7.41	295710	7.41	595137	7.41
建筑安装工程费									
直接费	人工费	人工	工日	2975	—	8450	—	17061	—
		措施费分摊	元	3682	—	9953	—	20030	—
		人工费小计	元	95996	6.50	272156	6.82	549433	6.84
	材料费	商品混凝土 C20	m^3	166.40	—	374.40	—	624.00	—
		商品混凝土 C30	m^3	639.26	—	1713.67	—	3374.76	—
		木模成材	m^3	12.55	—	32.37	—	65.04	—
		钢筋	t	84.75	—	225.94	—	445.44	—
		粗加工钢材	t	10.56	—	27.39	—	55.27	—
		黄砂	t	72.12	—	162.27	—	270.45	—
		碎石	t	220.68	—	496.53	—	827.55	—
		膨润土	kg	8249.88	—	24433.01	—	53245.71	—
		羧甲基纤维素	kg	107.57	—	318.59	—	694.29	—
		电焊条	kg	666.86	—	1762.98	—	3506.96	—
		其他材料费	元	29638	—	75775	—	159304	—
		措施费分摊	元	40040	—	108234	—	217828	—
		材料费小计	元	705302	47.76	1853418	46.43	3635676	45.25
	机械费	履带式起重机 40t	台班	42.26	—	166.88	—	363.68	—
		履带式起重机 25t	台班	28.13	—	71.27	—	133.82	—
		履带式起重机 15t	台班	6.56	—	16.63	—	31.22	—
		载重汽车 4t	台班	9.38	—	23.76	—	44.61	—
		混凝土输送泵车 $75m^3/h$	台班	21.57	—	54.64	—	102.59	—
		交流电焊机 30kV·A	台班	30.00	—	76.02	—	142.74	—
		机械外运土方	m^3	1281	—	3793	—	8265	—
		其他机械费	元	12760	—	16026	—	98118	—
		措施费分摊	元	2301	—	6220	—	12519	—
		机械费小计	元	150687	10.20	447789	11.22	993954	12.37
	直接费小计		元	951985	64.46	2573364	64.46	5179064	64.46
综合费用			元	263509	17.84	712307	17.84	1433565	17.84
合计			元	1215495	82.30	3285671	82.30	6612628	82.30

B.1.8　盾构工作井（地下连续墙围护）

工程特征： 采用地下连续墙作围护，开挖并建造盾构工作井。

工程内容： 地下连续墙围护，工作井开挖，安装、拆除钢支撑围令，降水、地基加固，内部结构施工，机械外运土方等。

单位：座

指标编号				6BZ-033		6BZ-034		6BZ-035	
项目			单位	盾构工作井（长×宽×深）（m）					
				20×15×15	占指标基价（%）	25×20×20	占指标基价（%）	30×25×25	占指标基价（%）
指标基价			元	9229023	100.00	20434141	100.00	39099524	100.00
一、建筑安装工程费			元	7595903	82.30	16818223	82.30	32180678	82.30
二、设备购置费			元	—	—	—	—	—	—
三、工程建设其他费用			元	949488	10.29	2102278	10.29	4022585	10.29
四、基本预备费			元	683631	7.41	1513640	7.41	2896261	7.41
建筑安装工程费									
直接费	人工费	人工	工日	16842	—	35622	—	63438	—
		措施费分摊	元	23009	—	50944	—	97478	—
		人工费小计	元	545616	5.91	1156294	5.66	2065959	5.28
	材料费	商品混凝土 C20	m^3	69.86	—	124.20	—	194.06	—
		商品混凝土 C30	m^3	3896.87	—	8172.94	—	14006.87	—
		水泥 42.5	t	37.46	—	66.60	—	104.06	—
		护壁泥浆	m^3	1833.98	—	4375.80	—	8896.86	—
		木模成材	m^3	21.38	—	43.50	—	66.27	—
		钢筋	t	465.17	—	1050.82	—	1971.42	—
		钢管	t	54.21	—	105.02	—	188.70	—
		粗加工钢材	t	53.03	—	89.98	—	124.55	—
		电焊条	kg	4508.99	—	8837.50	—	15820.27	—
		硬泡沫塑料板	m^3	28.66	—	91.80	—	165.78	—
		磨细粉煤灰	t	27.68	—	49.20	—	76.88	—
		膨润土	kg	7733.14	—	13747.80	—	21480.94	—
		水玻璃	kg	1951.76	—	3469.80	—	5421.56	—
		其他材料费	元	93943	—	199782	—	358747	—
		措施费分摊	元	250219	—	554013	—	1060072	—
		材料费小计	元	4185206	45.35	9070292	44.39	16459467	42.10
	机械费	履带式液压抓斗成槽机	台班	71.64	—	214.20	—	552.60	—
		履带式起重机 40t	台班	137.55	—	220.32	—	397.87	—
		履带式起重机 25t	台班	234.93	—	571.04	—	1202.95	—
		履带式起重机 15t	台班	96.80	—	207.18	—	344.33	—
		混凝土输送泵车 $75m^3/h$	台班	77.44	—	165.74	—	275.46	—
		机械外运泥浆	m^3	358.20	—	765.00	—	1382.00	—
		机械外运土方	m^3	7457	—	16187	—	29113	—
		其他机械费	元	321645	—	868376	—	2337590	—
		措施费分摊	元	14380	—	31840	—	60924	—
		机械费小计	元	1218351	13.20	2945581	14.41	6678739	17.08
	直接费小计		元	5949172	64.46	13172167	64.46	25204165	64.46
综合费用			元	1646731	17.84	3646056	17.84	6976513	17.84
合计			元	7595903	82.30	16818223	82.30	32180678	82.30

B.2　软土隧道工程分项指标

说　明

分项指标：以工程主要结构分部为依据，与国家标准《建设工程工程量清单计价规范》GB 50500的项目划分相配套，按结构的规模划分子目。本章指标列了29节120个子目，分为地下连续墙、SMW工法、基坑挖土、沉井、盾构掘进、垂直顶升、地下混凝土结构、联络通道、防水层等。

1．地下连续墙。

地下连续墙按成槽的深度分为15、20、25、30、35、40m，共六个子目。以“立方米”为计量单位。

2．支撑基坑挖土。

支撑基坑挖土按基坑深度分为：10、15、20、25m，共四个子目，以“立方米”为计量单位。

3．盾构掘进。

盾构掘进按出土形式分为土压盾构和泥水盾构两种；再按直径分为：$D\geqslant4$m、$D\geqslant5$m、$D\geqslant6$m、$D\geqslant7$m、$D\geqslant11$m、$D\geqslant15$m、2×D6.2m，共七个子目。以“米”为计量单位。

4．管片制作、密封条、嵌缝。

管片制作、密封条、嵌缝按隧道直径分为：$D\geqslant4$m、$D\geqslant5$m、$D\geqslant6$m、$D\geqslant7$m、$D\geqslant11$m、$D\geqslant15$m、2×D6.2m，共七个子目。以“环”为计量单位。

每环管片宽度的取定

单位：m

盾构直径	$D\leqslant4$	$D\leqslant5$	$D\leqslant6$	$D\leqslant7$	$D\leqslant11$	$D\leqslant15$	2×D6.2
管片宽度	0.80	0.90	1.00	1.20	1.50	2.00	1.20

5．洞口处理 (柔性接缝环)。

洞口处理是指圆形盾构隧道与盾构工作井交接处，在施工中和隧道贯通后，对接缝进行柔性处理的工艺。按隧道直径分为：$D\geqslant4$m、$D\geqslant5$m、$D\geqslant6$m、$D\geqslant7$m、$D\geqslant11$m、$D\geqslant15$m、2×D6.2m，共七个子目。以“处”为计量单位。

6．SMW工法成孔。

SMW工法按钻孔的深度分为15、20、25m，共三个子目。以“立方米”为计量单位。

SMW工法成孔后需要插入H型钢，指标中列了工程桩和工具桩两种子目，工具桩是指型钢拔出后能重复使用，工程桩是指型钢不拔除。

7. 顶升立管。

顶升立管是指在隧道内，采用顶升的方法将预制的管节一节一节地垂直顶升出土体，以达到隧道与外界水域连通的施工方法。按顶升的工艺指标分为首节、中间节和末节三个子目。以“节”为计量单位。

管节外尺寸：2m×2m×1m（长×宽×高），管壁厚0.15m。

8. 隧道内向外修筑旁通道、泵房。

在隧道内采用注浆加固的方法向外修筑旁通道、泵房井。以“米”为计量单位。

按旁通道的断面分为2m×2m和2m×3m两个子目。

9. 沉井。

沉井是建造盾构工作井和各类地下泵站的一种施工方法，指标分井体制作、排水下沉、不排水下沉等共 10 个子目，下沉深度指地面到底板面的高度。以“立方米”为计量单位。

10. 地下钢筋混凝土结构。

地下钢筋混凝土按结构类形分为：垫层、底板、墙、梁、柱、平台板、扶梯、侧石、牛腿、内衬墙、圆形隧道路等共八节，再按结构的厚度、高度共设 30 个子目，以“立方米”为计量单位。

B.2.1 地下连续墙

工程内容：导槽开挖，导墙浇筑，挖土成槽，吊拔接头管，泥浆配制、输送，钢筋笼制作、吊运、就位，清底置换，混凝土浇筑，机械外运土方等。

单位:100 m^3

指标编号				6BF-001		6BF-002		6BF-003	
				地下连续墙					
项目			单位	墙深 15m 以内	占指标基价（%）	墙深 20m 以内	占指标基价（%）	墙深 25m 以内	占指标基价（%）
指标基价			元	246601	100.00	251363	100.00	254600	100.00
一、建筑安装工程费			元	246601	100.00	251363	100.00	254600	100.00
二、设备购置费			元	—	—	—	—	—	—
建筑安装工程费									
直接费	人工费	人工	工日	640	—	593	—	569	—
		措施费分摊	元	776	—	791	—	801	—
		人工费小计	元	20625	8.36	19196	7.64	18453	7.25
	材料费	商品混凝土 C30	m^3	138.96	—	137.43	—	132.15	—
		护壁泥浆	m^3	115.98	—	127.61	—	127.61	—
		钢筋	t	14.59	—	15.06	—	15.99	—
		粗加工钢材	t	2.98	—	2.46	—	2.30	—
		电焊条	kg	211.04	—	196.83	—	179.29	—
		硬泡沫塑料板	m^3	2.37	—	2.45	—	2.50	—
		其他材料费	元	2740	—	2766	—	2783	—
		措施费分摊	元	8439	—	8602	—	8713	—
		材料费小计	元	148177	60.09	149690	59.55	150667	59.18
	机械费	履带式液压抓斗成槽机	台班	3.45	—	4.94	—	5.92	—
		履带式起重机 15t	台班	12.38	—	8.49	—	7.28	—
		泥浆制作循环设备	台班	3.45	—	4.94	—	4.94	—
		顶升设备 100 t	台班	2.19	—	1.09	—	1.09	—
		交流电焊机 30kV·A	台班	35.17	—	34.88	—	34.16	—
		机械外运泥浆	m^3	25.00	—	25.00	—	25.00	—
		机械外运土方	m^3	100.00	—	100.00	—	100.00	—
		措施费分摊	元	485	—	494	—	501	—
		机械费小计	元	31850	12.92	35641	14.18	38041	14.94
	直接费小计		元	200652	—	204527	—	207160	—
综合费用			元	45949	18.63	46837	18.63	47440	18.63
合计			元	246601	—	251363	—	254600	—

工程内容：导槽开挖，导墙浇筑，挖土成槽，吊拔接头管，泥浆配制、输送，钢筋笼制作、吊运、就位，清底置换，混凝土浇筑，机械外运土方等。

单位：100 m^3

指标编号				6BF-004		6BF-005		6BF-006	
				地下连续墙					
项目			单位	墙深 30m 以内	占指标基价（%）	墙深 35m 以内	占指标基价（%）	墙深 40m 以内	占指标基价（%）
指标基价			元	271046	100.00	296634	100.00	307869	100.00
一、建筑安装工程费			元	271046	100.00	296634	100.00	307869	100.00
二、设备购置费			元	—	—	—	—	—	—
建筑安装工程费									
直接费	人工费	人工	工日	577	—	581	—	603	—
		措施费分摊	元	853	—	933	—	969	—
		人工费小计	元	18763	6.92	18950	6.39	19688	6.39
	材料费	商品混凝土 C30	m^3	130.84	—	128.81	—	127.60	—
		护壁泥浆	m^3	143.04	—	161.05	—	161.05	—
		钢筋	t	16.94	—	18.87	—	19.86	—
		粗加工钢材	t	1.74	—	1.54	—	1.21	—
		电焊条	kg	172.13	—	174.68	—	178.95	—
		硬泡沫塑料板	m^3	2.75	—	2.91	—	3.06	—
		其他材料费	元	3219	—	3405	—	3456	—
		措施费分摊	元	9276	—	10152	—	10536	—
		材料费小计	元	155546	57.39	165788	55.89	168089	54.60
	机械费	履带式液压抓斗成槽机	台班	6.51	—	8.59	—	10.31	—
		履带式起重机 40t	台班	5.81	—	6.02	—	6.21	—
		泥浆制作循环设备	台班	6.51	—	8.59	—	8.59	—
		顶升设备 100t	台班	0.73	—	0.55	—	0.55	—
		汽车式起重机 12t	台班	2.36	—	2.79	—	2.94	—
		交流电焊机 30kV·A	台班	34.37	—	37.40	—	40.28	—
		机械外运泥浆	m^3	25.00	—	25.00	—	25.00	—
		机械外运土方	m^3	100.00	—	100.00	—	100.00	—
		措施费分摊	元	533	—	583	—	606	—
		机械费小计	元	46233	17.06	56625	19.09	62727	20.37
	直接费小计		元	220542	—	241362	—	250504	—
综合费用			元	50504	18.63	55272	18.63	57365	18.63
合计			元	271046	—	296634	—	307869	—

B.2.2 SMW工法成孔

工程内容：三轴机钻孔，掺入水泥浆，地面混凝土圈梁等。

单位：100m³

指标编号				6BF-007		6BF-008		6BF-009	
				SMW工法（三轴机成孔）					
项目			单位	桩深 15m	占指标基价（%）	桩深 20m	占指标基价（%）	桩深 25m	占指标基价（%）
指标基价			元	34553	100.00	36711	100.00	38870	100.00
一、建筑安装工程费			元	34553	100.00	36711	100.00	38870	100.00
二、设备购置费			元	—	—	—	—	—	—
建筑安装工程费									
直接费	人工费	人工	工日	32	—	32	—	32	—
		措施费分摊	元	109	—	116	—	122	—
		人工费小计	元	1100	3.18	1107	3.02	1114	2.87
	材料费	商品混凝土 C20	m³	4.97	—	4.97	—	4.97	—
		钢筋	t	0.40	—	0.40	—	0.40	—
		水泥	t	36.70	—	36.70	—	36.70	—
		其他材料费	元	314	—	314	—	314	—
		措施费分摊	元	1183	—	1256	—	1330	—
		材料费小计	元	17210	49.81	17284	47.08	17358	44.66
	机械费	搅拌桩机三轴钻	台班	0.81	—	0.98	—	1.15	—
		载重汽车 15t	台班	0.25	—	0.30	—	0.35	—
		交流电焊机 30kV·A	台班	0.29	—	0.36	—	0.42	—
		液压泵车	台班	2.63	—	3.20	—	3.76	—
		内燃空气压缩机 6m³/min	台班	1.11	—	1.34	—	1.58	—
		机械外运土方	m³	79.00	—	79.00	—	79.00	—
		措施费分摊	元	68	—	72	—	76	—
		机械费小计	元	9805	28.38	11480	31.27	13155	33.85
	直接费小计		元	28115	—	29871	—	31627	—
综合费用			元	6438	18.63	6840	18.63	7243	18.63
合计			元	34553	—	36711	—	38870	—

B.2.3 SMW 工法插 H 型钢

工程内容：插、拔 H 型钢，型钢表面涂减摩剂等。

单位：t

指标编号			单位	6BF-010		6BF-011	
				SMW 工法插 H 型钢			
项目			单位	工程桩	占指标基价（%）	工具桩	占指标基价（%）
指标基价			元	7834	100.00	1738	100.00
一、建筑安装工程费			元	7834	100.00	1738	100.00
二、设备购置费			元	—	—	—	—
建筑安装工程费							
直接费	人工费	人工	工日	2	—	3	—
		措施费分摊	元	25	—	5	—
		人工费小计	元	88	1.12	99	5.71
	材料费	碎石	t	0.39	—	0.39	—
		黄砂	t	0.12	—	0.12	—
		桩帽	kg	1.22	—	1.22	—
		H 型钢桩	t	1.03	—	0.12	—
		减摩剂	kg	—	—	12.04	—
		其他材料费	元	113	—	20	—
		措施费分摊	元	268	—	59	—
		材料费小计	元	6034	77.02	1061	61.06
	机械费	轨道式柴油打桩机	台班	0.14	—	0.14	—
		履带式起重机 15t	台班	0.08	—	0.09	—
		载重汽车 15t	台班	0.08	—	0.09	—
		其他机械费	元	11	—	12	—
		措施费分摊	元	15	—	3	—
		机械费小计	元	252	3.22	254	14.60
	直接费小计		元	6374	—	1414	—
综合费用			元	1460	18.63	324	18.63
合计			元	7834	—	1738	—

B.2.4 搅拌桩、灌注桩

工程内容：钻机就位、钻孔、制浆压浆、浇筑混凝土、安放钢筋笼，机械外运土方等。

单位：$100m^3$

指标编号				6BF-012		6BF-013	
项目			单位	搅拌桩、灌注桩			
				搅拌桩	占指标基价（%）	灌注桩	占指标基价（%）
指标基价			元	30856	100.00	151095	100.00
一、建筑安装工程费			元	30856	100.00	151095	100.00
二、设备购置费			元	—	—	—	—
建筑安装工程费							
直接费	人工费	人工	工日	130	—	342	—
		措施费分摊	元	97	—	475	—
		人工费小计	元	4131	13.39	11088	7.34
	材料费	商品混凝土 C20	m^3	—	—	127.89	—
		钢筋	t	—	—	13.20	—
		水泥	t	25.20	—	—	—
		水玻璃	kg	552.00	—	—	—
		石膏粉	kg	552.00	—	—	—
		其他材料费	元	188	—	1682	—
		措施费分摊	元	1056	—	5171	—
		材料费小计	元	10664	34.56	90955	60.20
	机械费	深层水泥搅拌桩机	台班	4.85	—	—	—
		多级离心泵 $\phi100$	台班	4.85	—	—	—
		履带式起重机 15t	台班	—	—	8.60	—
		工程钻机（GPJ15）	台班	—	—	21.80	—
		机械外运土方	m^3	—	—	100.00	—
		其他机械费	元	201	—	404	—
		措施费分摊	元	61	—	297	—
		机械费小计	元	10311	33.42	20898	13.83
	直接费小计		元	25106	—	122941	—
综合费用			元	5749	18.63	28154	18.63
合计			元	30856	—	151095	—

B.2.5 支撑基坑挖土

工程内容：在有围护的条件下，开挖基坑，安装、拆除钢围令、钢支撑，钢支撑使用，基坑内降水、井点使用，机械外运土方等。

单位:$100m^3$

指标编号				6BF-014		6BF-015	
项目			单位	支撑基坑挖土			
				坑深 10m 以内	占指标基价（%）	坑深 15m 以内	占指标基价（%）
指标基价			元	14754	100.00	16466	100.00
一、建筑安装工程费			元	14754	100.00	16466	100.00
二、设备购置费			元	—	—	—	—
建筑安装工程费							
直接费	人工费	人工	工日	26	—	30	—
		措施费分摊	元	45	—	50	—
		人工费小计	元	858	5.82	972	5.91
	材料费	钢管	t	0.98	—	0.87	—
		粗加工钢材	kg	35.85	—	31.95	—
		电焊条	kg	5.18	—	4.62	—
		防锈漆	kg	1.33	—	1.18	—
		其他材料费	元	189	—	156	—
		措施费分摊	元	486	—	542	—
		材料费小计	元	4445	30.13	4058	24.65
	机械费	履带式推土机	台班	0.40	—	0.31	—
		履带式单斗挖掘机	台班	0.66	—	0.52	—
		履带式起重机 15t	台班	1.73	—	2.03	—
		履带式起重机 25t	台班	2.35	—	—	—
		履带式起重机 40t	台班	—	—	2.57	—
		液压千斤顶组 100t	台班	0.55	—	0.49	—
		污水泵 $\phi100$	台班	1.88	—	2.38	—
		机械外运土方	m^3	100.00	—	100.00	—
		其他机械费	元	189	—	266	—
		措施费分摊	元	28	—	31	—
		机械费小计	元	6252	42.37	7866	47.77
	直接费小计		元	11555	—	12896	—
综合费用			元	3198	21.68	3570	21.68
合计			元	14754	—	16466	—

工程内容：在有围护的条件下，开挖基坑，安装、拆除钢围令、钢支撑，钢支撑使用，基坑内降水、井点使用，机械外运土方等。

单位:100m³

指标编号				6BF-016		6BF-017	
				支撑基坑挖土			
项目			单位	坑深 20m 以内	占指标基价（%）	坑深 25m 以内	占指标基价（%）
指标基价			元	17466	100.00	19342	100.00
一、建筑安装工程费			元	17466	100.00	19342	100.00
二、设备购置费			元	—	—	—	—
建筑安装工程费							
直接费	人工费	人工	工日	32	—	37	—
		措施费分摊	元	53	—	59	—
		人工费小计	元	1055	6.04	1204	6.23
	材料费	钢管	t	0.81	—	0.76	—
		粗加工钢材	kg	29.61	—	28.05	—
		电焊条	kg	4.28	—	4.05	—
		防锈漆	kg	1.10	—	1.04	—
		其他材料费	元	156	—	146	—
		措施费分摊	元	575	—	637	—
		材料费小计	元	3848	22.03	3709	19.18
	机械费	履带式推土机	台班	0.31	—	0.31	—
		履带式单斗挖掘机	台班	0.52	—	0.52	—
		履带式起重机 25t	台班	2.40	—	3.44	—
		履带式起重机 40t	台班	2.90	—	3.44	—
		液压千斤顶组 100t	台班	0.45	—	0.43	—
		污水泵 ϕ100	台班	2.86	—	3.57	—
		机械外运土方	m³	100.00	—	100.00	—
		其他机械费	元	309	—	379	—
		措施费分摊	元	33	—	37	—
		机械费小计	元	8776	50.25	10236	52.92
	直接费小计		元	13679	—	15149	—
综合费用			元	3786	21.68	4193	21.68
合计			元	17466	—	19342	—

B.2.6 沉井制作

工程内容：立模、拆模，钢筋制作、绑扎，预埋铁件，混凝土浇捣、养护，安装、拆除脚手架等。

单位：100m³

指标编号			单位	6BF-018		6BF-019		6BF-020	
项目				沉井制作、封底					
				井筒体混凝土	占指标基价（%）	混凝土封底	占指标基价（%）	块石碎石垫层	占指标基价（%）
指标基价			元	160851	100.00	50433	100.00	15727	100.00
一、建筑安装工程费			元	160851	100.00	50433	100.00	15727	100.00
二、设备购置费			元	—	—	—	—	—	—
建筑安装工程费									
直接费	人工费	人工	工日	352	—	69	—	71	—
		措施费分摊	元	487	—	153	—	48	—
		人工费小计	元	11403	7.09	2290	4.54	2254	14.33
	材料费	商品混凝土 C20	m^3	—	—	103.53	—	—	—
		商品混凝土 C30	m^3	103.53	—	—	—	—	—
		钢筋	t	13.85	—	—	—	—	—
		电焊条	kg	112.45	—	—	—	—	—
		木模成材	m^3	2.17	—	—	—	—	—
		粗加工钢材	t	1.68	—	—	—	—	—
		块石	t	—	—	—	—	88.43	—
		碎石	t	—	—	—	—	71.79	—
		其他材料费	元	4661	—	1513	—	332	—
		措施费分摊	元	5299	—	1661	—	518	—
		材料费小计	元	103189	64.15	33430	66.29	7491	47.63
	机械费	履带式起重机 15t	台班	6.48	—	—	—	3.31	—
		汽车式起重机 5t	台班	0.65	—	—	—	—	—
		载重汽车 4t	台班	0.96	—	—	—	—	—
		混凝土输送泵车 $75m^3/h$	台班	2.27	—	2.21	—	—	—
		交流电焊机 30kV·A	台班	26.77	—	—	—	—	—
		电动空压机 $6m^3$	台班	3.21	—	—	—	—	—
		潜水泵 $\phi150$	台班	—	—	4.41	—	7.46	—
		其他机械费	元	528	—	175	—	121	—
		措施费分摊	元	305	—	95	—	30	—
		机械费小计	元	11388	7.08	3780	7.49	2572	16.36
	直接费小计		元	125980	—	39499	—	12317	—
综合费用			元	34871	21.68	10933	21.68	3409	21.68
合计			元	160851	—	50433	—	15727	—

B.2.7 沉井下沉

工程内容：挖土或水力机械取土，土方装运，灌注触变泥浆，沉井下沉，井内排水，机械外运土方等。

单位：100m³

指标编号				6BF-021		6BF-022		6BF-023	
项目			单位	排水下沉					
				下沉深10m以内	占指标基价（%）	下沉深15m以内	占指标基价（%）	下沉深20m以内	占指标基价（%）
指标基价			元	9521	100.00	10881	100.00	13305	100.00
一、建筑安装工程费			元	9521	100.00	10881	100.00	13305	100.00
二、设备购置费			元	—	—	—	—	—	—
建筑安装工程费									
直接费	人工费	人工	工日	43	—	54	—	57	—
		措施费分摊	元	29	—	33	—	40	—
		人工费小计	元	1355	14.23	1714	15.75	1818	13.66
	材料费	粗加工钢材	kg	67.46	—	64.34	—	246.44	—
		膨润土	kg	644.19	—	563.67	—	429.46	—
		纯碱	kg	13.86	—	12.12	—	9.24	—
		羧甲基纤维素	kg	8.39	—	7.34	—	5.59	—
		其他材料费	元	59	—	54	—	126	—
		措施费分摊	元	314	—	358	—	438	—
		材料费小计	元	962	10.10	951	8.74	1821	13.68
	机械费	履带式起重机 15t	台班	3.26	—	4.41	—	0.15	—
		多级离心泵 $\phi150$ 扬程 180m	台班	—	—	—	—	6.03	—
		单级离心泵 $\phi150$	台班	—	—	—	—	6.03	—
		泥浆泵 $\phi100$	台班	4.45	—	4.71	—	2.87	—
		泥浆泵 $\phi50$	台班	0.32	—	0.32	—	0.32	—
		机械外运土方	m³	100.00	—	100.00	—	100.00	—
		其他机械费	元	137	—	171	—	215	—
		措施费分摊	元	18	—	21	—	25	—
		机械费小计	元	5140	53.99	5857	53.83	6782	50.98
	直接费小计		元	7457	—	8522	—	10421	—
综合费用			元	2064	21.68	2359	21.68	2884	21.68
合计			元	9521	—	10881	—	13305	—

工程内容： 机械水下破碎土体，冲吸泥浆、排泥下沉，灌注触变泥浆，沉井标高控制，井内水压控制，机械泥浆外运等。

单位：100m³

指标编号				6BF-024		6BF-025		6BF-026	
项目			单位	不排水下沉					
				深度20m以内	占指标基价（%）	深度25m以内	占指标基价（%）	深度30m以内	占指标基价（%）
指标基价			元	36031	100.00	40889	100.00	48231	100.00
一、建筑安装工程费			元	36031	100.00	40889	100.00	48231	100.00
二、设备购置费			元	—	—	—	—	—	—
建筑安装工程费									
直接费	人工费	人工	工日	81	—	93	—	113	—
		措施费分摊	元	109	—	124	—	146	—
		人工费小计	元	2619	7.27	3018	7.38	3663	7.59
	材料费	粗加工钢材	kg	204.97	—	153.29	—	125.02	—
		膨润土	kg	644.19	—	563.67	—	429.46	—
		纯碱	kg	13.86	—	12.12	—	9.24	—
		羧甲基纤维素	kg	8.39	—	7.34	—	5.59	—
		其他材料费	元	118	—	92	—	74	—
		措施费分摊	元	1187	—	1347	—	1589	—
		材料费小计	元	2484	6.89	2359	5.77	2398	4.97
	机械费	履带吊50t配钻吸机组	台班	4.50	—	5.29	—	6.42	—
		多级离心泵 ϕ150 扬程180m	台班	—	—	—	—	12.82	—
		单级离心泵 ϕ150	台班	—	—	—	—	12.82	—
		潜水设备	台班	2.26	—	2.65	—	3.21	—
		泥浆泵 ϕ100	台班	2.87	—	2.87	—	2.87	—
		机械泥浆外运	m^3	100.00	—	100.00	—	100.00	—
		其他机械费	元	990	—	1158	—	1399	—
		措施费分摊	元	68	—	77	—	91	—
		机械费小计	元	23116	64.16	26648	65.17	31713	65.75
	直接费小计		元	28219	—	32025	—	37775	—
综合费用			元	7811	21.68	8864	21.68	10456	21.68
合计			元	36031	—	40889	—	48231	—

B.2.8 盾构安装、拆除

工程内容：基座装拆，盾构吊装，车架安装，盾构机配套的水、电、风管路连通，盾构机进洞后所有机械设备拆除等。

单位：只

指标编号				6BF-027		6BF-028	
				盾构安装、拆除			
项目			单位	$D \leq 4m$	占指标基价（%）	$D \leq 5m$	占指标基价（%）
指标基价			元	175414	100.00	247784	100.00
一、建筑安装工程费			元	175414	100.00	247784	100.00
二、设备购置费			元	—	—	—	—
建筑安装工程费							
直接费	人工费	人工	工日	510	—	680	—
		措施费分摊	元	531	—	751	—
		人工费小计	元	16363	9.33	21854	8.82
	材料费	枕木	m^3	3.49	—	4.26	—
		粗加工钢材	t	2.57	—	3.23	—
		细加工钢材	t	1.69	—	1.77	—
		螺栓带帽	kg	89.76	—	134.64	—
		电焊条	kg	112.17	—	143.31	—
		橡胶板	kg	25.50	—	28.05	—
		其他材料费	元	1241	—	1472	—
		措施费分摊	元	5778	—	8162	—
		材料费小计	元	31846	18.16	39070	15.77
	机械费	履带式起重机 15t	台班	10.42	—	13.02	—
		履带式起重机 25t	台班	27.24	—	35.14	—
		履带式起重机 60 t	台班	4.26	—	5.68	—
		履带式起重机 90 t	台班	11.29	—	—	—
		履带式起重机 150 t	台班	—	—	12.08	—
		龙门式起重机 10 t	台班	11.34	—	17.01	—
		双慢电动卷扬机 10 t	台班	40.76	—	50.49	—
		交流电焊机 30kV·A	台班	67.60	—	85.09	—
		其他机械费	元	4231	—	6318	—
		措施费分摊	元	332	—	469	—
		机械费小计	元	89176	50.84	133143	53.73
	直接费小计		元	137385	—	194067	—
综合费用			元	38028	21.68	53718	21.68
合计			元	175414	—	247784	—

工程内容：基座装拆，盾构吊装，车架安装，盾构机配套的水、电、风管路连通，盾构机进洞后所有机械设备拆除等。

单位：只

指标编号			单位	6BF-029		6BF-030	
项目				盾构安装、拆除			
				D≤6m	占指标基价（%）	D≤7m	占指标基价（%）
指标基价			元	413552	100.00	484837	100.00
一、建筑安装工程费			元	413552	100.00	484837	100.00
二、设备购置费			元	—	—	—	—
建筑安装工程费							
直接费	人工费	人工	工日	867	—	1053	—
		措施费分摊	元	1253	—	1469	—
		人工费小计	元	28155	6.81	34142	7.04
	材料费	枕木	m^3	5.00	—	6.04	—
		粗加工钢材	t	4.14	—	5.19	—
		细加工钢材	t	1.89	—	2.08	—
		螺栓带帽	kg	195.84	—	261.12	—
		电焊条	kg	177.94	—	219.58	—
		橡胶板	kg	30.60	—	33.15	—
		其他材料费	元	1772	—	2140	—
		措施费分摊	元	13623	—	15971	—
		材料费小计	元	50836	12.29	60901	12.56
	机械费	履带式起重机 15t	台班	15.62	—	18.23	—
		履带式起重机 25t	台班	23.01	—	25.58	—
		履带式起重机 40 t	台班	15.12	—	20.16	—
		履带式起重机 60 t	台班	8.53	—	11.37	—
		履带式起重机 300 t	台班	13.41	—	14.97	—
		龙门式起重机 10 t	台班	27.72	—	36.96	—
		双慢电动卷扬机 10 t	台班	56.64	—	66.75	—
		交流电焊机 30kV·A	台班	106.40	—	127.48	—
		其他机械费	元	11625	—	13513	—
		措施费分摊	元	783	—	918	—
		机械费小计	元	244907	59.22	284685	58.72
	直接费小计		元	323897	—	379728	—
综合费用			元	89655	21.68	105109	21.68
合计			元	413552	—	484837	—

工程内容：基座装拆，盾构吊装，车架安装，盾构机配套的水、电、风管路连通，盾构机进洞后所有机械设备拆除等。

单位：只

指标编号				6BF-031		6BF-032		6BF-033	
项目			单位	盾构安装、拆除					
				D≤11m	占指标基价（%）	D≤15m	占指标基价（%）	2×D6.2m双圆盾构	占指标基价（%）
指标基价			元	979056	100.00	1267533	100.00	1651971	100.00
一、建筑安装工程费			元	979056	100.00	1267533	100.00	1651971	100.00
二、设备购置费			元	—	—	—	—	—	—
建筑安装工程费									
直接费	人工费	人工	工日	1801	—	2211	—	2611	—
		措施费分摊	元	2966	—	3840	—	5005	—
		人工费小计	元	58851	6.01	72226	5.70	85649	5.18
	材料费	枕木	m^3	10.69	—	14.22	—	18.93	—
		粗加工钢材	t	22.36	—	28.90	—	30.61	—
		细加工钢材	t	3.08	—	3.75	—	4.56	—
		螺栓带帽	kg	463.98	—	618.49	—	824.44	—
		电焊条	kg	441.99	—	625.72	—	813.33	—
		其他材料费	元	12902	—	16647	—	18561	—
		措施费分摊	元	32251	—	41764	—	54434	—
		材料费小计	元	174175	17.79	209902	16.56	258602	15.65
	机械费	履带式起重机 15t	台班	31.25	—	39.06	—	32.29	—
		履带式起重机 40 t	台班	74.90	—	96.05	—	123.35	—
		履带式起重机 60 t	台班	35.92	—	63.83	—	113.45	—
		履带式起重机 300 t	台班	22.89	—	28.53	—	35.57	—
		龙门式起重机 20 t	台班	65.67	—	87.54	—	116.70	—
		单慢电动卷扬机 10 t	台班	84.82	—	105.97	—	132.60	—
		交流电焊机 30kV·A	台班	171.82	—	216.38	—	236.40	—
		其他机械费	元	48357	—	64383	—	86042	—
		措施费分摊	元	1854	—	2400	—	3128	—
		机械费小计	元	533779	54.52	710614	56.06	949585	57.48
	直接费小计		元	766805	—	992742	—	1293837	—
综合费用			元	212252	21.68	274791	21.68	358134	21.68
合计			元	979056	—	1267533	—	1651971	—

B.2.9 土压平衡盾构掘进

工程内容： 土压平衡盾构机掘进，管片拼装，螺栓紧固，衬砌压浆，隧道内照明、运输、通风、通信、监控、测量，机械外运土方。施工用的轨道、走道板、支架、平台、扶梯、栏杆的安装、拆除等。

单位：m

指标编号				6BF-034		6BF-035		6BF-036	
项目			单位	土压平衡盾构掘进					
				$D \leqslant 4m$	占指标基价（%）	$D \leqslant 5m$	占指标基价（%）	$D \leqslant 6m$	占指标基价（%）
指标基价			元	7169	100.00	9277	100.00	11980	100.00
一、建筑安装工程费			元	7169	100.00	9277	100.00	11980	100.00
二、设备购置费			元	—	—	—	—	—	—
建筑安装工程费									
直接费	人工费	人工	工日	34	—	37	—	39	—
		措施费分摊	元	22	—	28	—	36	—
		人工费小计	元	1072	14.95	1164	12.55	1258	10.50
	材料费	管片连接螺栓	kg	61.32	—	70.28	—	116.33	—
		粗加工钢材	kg	23.73	—	28.39	—	29.29	—
		细加工钢材	kg	26.71	—	29.18	—	35.90	—
		盾尾油脂	kg	18.11	—	22.71	—	27.20	—
		粉煤灰	t	2.72	—	3.40	—	4.08	—
		石灰膏	t	0.46	—	0.57	—	0.68	—
		膨润土	kg	116.53	—	145.66	—	174.79	—
		水玻璃	kg	44.76	—	55.95	—	67.14	—
		电焊条	kg	3.90	—	4.12	—	4.38	—
		电	kW·h	339.48	—	451.93	—	666.33	—
		其他材料费	元	153	—	185	—	250	—
		措施费分摊	元	236	—	306	—	395	—
		材料费小计	元	1919	26.77	2345	25.28	3150	26.29
	机械费	土压平衡盾构机	台班	0.63	—	0.68	—	0.81	—
		龙门式起重机 10t	台班	0.71	—	0.76	—	1.00	—
		电动单级离心清水泵 ϕ200	台班	0.62	—	0.68	—	0.82	—
		轴流风机 100kW	台班	1.14	—	1.24	—	1.47	—
		盾构同步压浆泵	台班	0.27	—	0.34	—	0.41	—
		机械外运土方	m^3	12.56	—	19.63	—	28.26	—
		其他机械费	元	212	—	300	—	392	—
		措施费分摊	元	14	—	18	—	23	—
		机械费小计	元	2624	36.60	3757	40.50	4975	41.53
	直接费小计		元	5615	—	7266	—	9383	—
综合费用			元	1554	21.68	2011	21.68	2597	21.68
合计			元	7169	—	9277	—	11980	—

工程内容：土压平衡盾构机掘进，管片拼装，螺栓紧固，衬砌压浆，隧道内照明、运输、通风、通信、监控、测量，机械外运土方。施工用的轨道、走道板、支架、平台、扶梯、栏杆的安装、拆除等。

单位：m

指标编号				6BF-037		6BF-038		6BF-039	
				土压平衡盾构掘进					
项目			单位	D≤7m	占指标基价（%）	D≤11m	占指标基价（%）	2×D6.2m	占指标基价（%）
指标基价			元	16579	100.00	34031	100.00	29255	100.00
一、建筑安装工程费			元	16579	100.00	34031	100.00	29255	100.00
二、设备购置费			元	—	—	—	—	—	—
建筑安装工程费									
直接费	人工费	人工	工日	43	—	78	—	76	—
		措施费分摊	元	50	—	103	—	89	—
		人工费小计	元	1388	8.37	2515	7.39	2448	8.37
	材料费	管片连接螺栓	kg	171.35	—	456.59	—	241.34	—
		粗加工钢材	kg	53.02	—	105.80	—	85.75	—
		细加工钢材	kg	51.72	—	129.05	—	75.35	—
		盾尾油脂	kg	31.81	—	50.41	—	55.75	—
		粉煤灰	t	4.76	—	7.49	—	8.44	—
		石灰膏	t	0.80	—	1.25	—	1.41	—
		膨润土	kg	203.92	—	320.45	—	361.23	—
		水玻璃	kg	78.33	—	123.09	—	138.76	—
		电焊条	kg	4.63	—	5.15	—	9.44	—
		电	kW·h	1058.98	—	1759.38	—	1443.51	—
		其他材料费	元	347	—	718	—	533	—
		措施费分摊	元	546	—	1121	—	964	—
		材料费小计	元	4367	26.34	9017	26.50	6826	23.33
	机械费	土压平衡盾构机	台班	1.04	—	1.60	—	1.07	—
		龙门式起重机 20t	台班	0.99	—	1.52	—	2.03	—
		电动单级离心清水泵 ϕ200	台班	1.04	—	1.60	—	2.19	—
		轴流风机 100kW	台班	1.87	—	2.86	—	3.79	—
		盾构同步压浆泵	台班	0.48	—	0.75	—	0.84	—
		机械外运土方	m^3	38.47	—	94.99	—	60.35	—
		其他机械费	元	576	—	1174	—	1111	—
		措施费分摊	元	31	—	64	—	55	—
		机械费小计	元	7229	43.61	15121	44.43	13638	46.62
	直接费小计		元	12985	—	26653	—	22912	—
综合费用			元	3594	21.68	7378	21.68	6342	21.68
合计			元	16579	—	34031	—	29255	—

B.2.10 泥水平衡盾构掘进

工程内容：泥水平衡盾构机掘进，管片拼装，螺栓紧固，衬砌压浆，隧道内照明、运输、通风、通信、监控、测量，泥浆水运输。施工用的轨道、走道板、支架、平台、扶梯、栏杆的安装、拆除，机械外运泥浆等。

单位：m

指标编号				6BF-040		6BF-041		6BF-042	
项目			单位	泥水平衡盾构掘进					
				D≤4m	占指标基价（%）	D≤5m	占指标基价（%）	D≤6m	占指标基价（%）
指标基价			元	7745	100.00	10121	100.00	13446	100.00
一、建筑安装工程费			元	7745	100.00	10121	100.00	13446	100.00
二、设备购置费			元	—	—	—	—	—	—
建筑安装工程费									
直接费	人工费	人工	工日	26	—	31	—	38	—
		措施费分摊	元	23	—	31	—	41	—
		人工费小计	元	832	10.75	1001	9.89	1206	8.97
	材料费	管片连接螺栓	kg	61.32	—	70.28	—	116.33	—
		粗加工钢材	kg	30.39	—	46.68	—	59.31	—
		细加工钢材	kg	24.08	—	26.30	—	33.71	—
		盾尾油脂	kg	18.11	—	22.71	—	27.20	—
		粉煤灰	t	2.72	—	3.40	—	4.08	—
		石灰膏	t	0.46	—	0.57	—	0.68	—
		膨润土	kg	116.53	—	145.66	—	174.79	—
		水玻璃	kg	44.76	—	55.95	—	67.14	—
		电焊条	kg	3.90	—	4.15	—	4.38	—
		电	kW·h	306.62	—	411.67	—	609.60	—
		其他材料费	元	153	—	189	—	259	—
		措施费分摊	元	255	—	333	—	443	—
		材料费小计	元	1933	24.96	2417	23.88	3290	24.47
	机械费	泥水平衡盾构机	台班	0.56	—	0.62	—	0.75	—
		龙门式起重机 10t	台班	0.65	—	0.66	—	0.91	—
		电动单级离心清水泵 ϕ200	台班	1.09	—	1.20	—	1.45	—
		多级离心泵 ϕ150 扬程 180m	台班	1.26	—	1.36	—	1.76	—
		轴流风机 100kW	台班	1.01	—	1.10	—	1.32	—
		盾构同步压浆泵	台班	0.27	—	0.34	—	0.41	—
		机械外运泥浆	m^3	12.56	—	19.63	—	28.26	—
		其他机械费	元	262	—	351	—	464	—
		措施费分摊	元	15	—	19	—	25	—
		机械费小计	元	3300	42.61	4509	44.55	6035	44.89
	直接费小计		元	6066	—	7927	—	10531	—
综合费用			元	1679	21.68	2194	21.68	2915	21.68
合计			元	7745	—	10121	—	13446	—

工程内容：泥水平衡盾构机掘进，管片拼装，螺栓紧固，衬砌压浆，隧道内照明、运输、通风、通信、监控、测量，泥浆水运输。施工用的轨道、走道板、支架、平台、扶梯、栏杆的安装、拆除，机械外运泥浆等。

单位：m

指标编号				6BF-043		6BF-044		6BF-045	
项目			单位	泥水平衡盾构掘进					
				D≤7m	占指标基价（%）	D≤11m	占指标基价（%）	D≤15m	占指标基价（%）
指标基价			元	17678	100.00	34593	100.00	71252	100.00
一、建筑安装工程费			元	17678	100.00	34593	100.00	71252	100.00
二、设备购置费			元	—	—	—	—	—	—
建筑安装工程费									
直接费	人工费	人工	工日	42	—	75	—	110	—
		措施费分摊	元	54	—	105	—	216	—
		人工费小计	元	1349	7.63	2433	7.03	3620	5.08
	材料费	管片连接螺栓	kg	171.35	—	452.14	—	628.56	—
		粗加工钢材	kg	75.94	—	146.94	—	210.85	—
		细加工钢材	kg	44.18	—	105.21	—	147.30	—
		盾尾油脂	kg	31.81	—	49.91	—	68.87	—
		粉煤灰	t	4.76	—	7.49	—	10.21	—
		石灰膏	t	0.80	—	1.25	—	1.71	—
		膨润土	kg	203.92	—	320.45	—	436.97	—
		水玻璃	kg	78.33	—	123.09	—	167.85	—
		电焊条	kg	4.63	—	5.10	—	7.30	—
		电	kW·h	849.75	—	1738.78	—	2544.31	—
		其他材料费	元	341	—	718	—	1006	—
		措施费分摊	元	582	—	1140	—	2347	—
		材料费小计	元	4332	24.50	9036	26.12	13416	18.83
	机械费	土压平衡盾构机	台班	0.88	—	1.29	—	1.83	—
		龙门式起重机 20t	台班	1.05	—	1.52	—	2.00	—
		电动单级离心清水泵 $\phi 200$	台班	1.74	—	2.51	—	4.92	—
		多级离心泵 $\phi 150$ 扬程 180m	台班	2.06	—	2.57	—	5.40	—
		轴流风机 100kW	台班	1.58	—	2.26	—	4.37	—
		盾构同步压浆泵	台班	0.48	—	0.75	—	1.02	—
		机械外运泥浆	m^3	38.47	—	94.99	—	176.63	—
		其他机械费	元	627	—	1138	—	2998	—
		措施费分摊	元	33	—	65	—	135	—
		机械费小计	元	8165	46.19	15625	45.17	38769	54.41
	直接费小计		元	13846	—	27093	—	55805	—
综合费用			元	3833	21.68	7499	21.68	15447	21.68
合计			元	17678	—	34593	—	71252	—

B.2.11 管片制作、密封条、嵌缝

工程内容：混凝土管片制作、试拼装、场内驳运，密封条设置，嵌缝等。

单位：环

指标编号			单位	6BF-046		6BF-047	
项目				管片制作、密封条、嵌缝			
				$D\leqslant4m$ 环宽 0.8m	占指标基价（%）	$D\leqslant5m$ 环宽 0.9m	占指标基价（%）
指标基价			元	7935	100.00	13051	100.00
一、建筑安装工程费			元	7935	100.00	13051	100.00
二、设备购置费			元	—	—	—	—
建筑安装工程费							
直接费	人工费	人工	工日	25	—	39	—
		措施费分摊	元	24	—	40	—
		人工费小计	元	787	9.92	1260	9.65
	材料费	预制混凝土 C40	m^3	2.44	—	4.12	—
		压浆孔螺母	只	2.89	—	4.47	—
		减水剂	kg	9.48	—	15.99	—
		管片钢模	kg	26.96	—	43.03	—
		钢筋	t	0.41	—	0.71	—
		细加工钢材	kg	21.27	—	34.99	—
		氯丁橡胶条	kg	14.44	—	20.43	—
		胶粉油毡衬垫	kg	2.55	—	4.34	—
		环氧聚氨酯嵌缝膏	kg	6.43	—	9.21	—
		电焊条	kg	2.45	—	4.25	—
		其他材料费	元	344	—	567	—
		措施费分摊	元	261	—	430	—
		材料费小计	元	4041	50.93	6665	51.07
	机械费	龙门式起重机 5t	台班	1.71	—	2.77	—
		龙门式起重机 10t	台班	0.60	—	0.99	—
		载重汽车 4t	台班	0.76	—	1.27	—
		交流电焊机 30kV·A	台班	0.56	—	0.97	—
		双锥反转出料搅拌机 800L	台班	0.27	—	0.45	—
		工业锅炉 1t/h	台班	0.51	—	0.85	—
		其他机械费	元	125	—	207	—
		措施费分摊	元	15	—	25	—
		机械费小计	元	1386	17.47	2297	17.60
	直接费小计		元	6215	—	10222	—
综合费用			元	1720	21.68	2829	21.68
合计			元	7935	—	13051	—

工程内容：混凝土管片制作、试拼装、场内驳运，密封条设置，嵌缝等。

单位：环

指标编号				6BF-048		6BF-049	
项目			单位	管片制作、密封条、嵌缝			
				D≤6m 环宽 1.0m	占指标基价（%）	D≤7m 环宽 1.2m	占指标基价（%）
指标基价			元	17640	100.00	27848	100.00
一、建筑安装工程费			元	17640	100.00	27848	100.00
二、设备购置费			元	—	—	—	—
建筑安装工程费							
直接费	人工费	人工	工日	50	—	77	—
		措施费分摊	元	53	—	84	—
		人工费小计	元	1620	9.18	2469	8.86
	材料费	预制混凝土 C40	m^3	5.56	—	9.08	—
		压浆孔螺母	只	5.48	—	8.95	—
		减水剂	kg	21.57	—	35.23	—
		管片钢模	kg	54.77	—	89.45	—
		钢筋	t	0.98	—	1.65	—
		细加工钢材	kg	47.81	—	76.22	—
		氯丁橡胶条	kg	34.34	—	48.38	—
		胶粉油毡衬垫	kg	4.96	—	4.96	—
		环氧聚氨酯嵌缝膏	kg	13.66	—	18.11	—
		电焊条	kg	5.90	—	9.92	—
		其他材料费	元	794	—	1277	—
		措施费分摊	元	581	—	917	—
		材料费小计	元	9311	52.79	14970	53.75
	机械费	龙门式起重机 5t	台班	3.60	—	5.36	—
		龙门式起重机 10t	台班	1.21	—	1.82	—
		载重汽车 4t	台班	1.62	—	2.52	—
		交流电焊机 30kV·A	台班	1.35	—	2.27	—
		双锥反转出料搅拌机 800L	台班	0.55	—	0.83	—
		工业锅炉 1t/h	台班	1.04	—	1.57	—
		其他机械费	元	259	—	393	—
		措施费分摊	元	33	—	53	—
		机械费小计	元	2884	16.35	4373	15.70
	直接费小计		元	13815	—	21811	—
综合费用			元	3824	21.68	6037	21.68
合计			元	17640	—	27848	—

工程内容：混凝土管片制作、试拼装、场内驳运，密封条设置，嵌缝等。

单位：环

指标编号				6BF-050		6BF-051		6BF-052	
项目			单位	管片、密封条、嵌缝					
				$D≤11m$ 环宽 1.5m	占指标基价（%）	$D≤15m$ 环宽 2.0m	占指标基价（%）	$2×D6.2m$ 环宽 1.2m	占指标基价（%）
指标基价			元	73277	100.00	166729	100.00	52170	100.00
一、建筑安装工程费			元	73277	100.00	166729	100.00	52170	100.00
二、设备购置费			元	—	—	—	—	—	—
建筑安装工程费									
直接费	人工费	人工	工日	196	—	423	—	148	—
		措施费分摊	元	222	—	505	—	158	—
		人工费小计	元	6295	8.59	13627	8.17	4752	9.11
	材料费	预制混凝土 C40	m^3	24.62	—	56.18	—	15.98	—
		压浆孔螺母	只	16.98	—	33.21	—	15.74	—
		减水剂	kg	95.52	—	217.95	—	61.98	—
		管片钢模	kg	218.30	—	470.43	—	157.39	—
		钢筋 ϕ10 以外	t	4.72	—	11.06	—	2.98	—
		细加工钢材	kg	200.69	—	451.54	—	134.03	—
		氯丁橡胶条	kg	126.95	—	195.72	—	131.19	—
		胶粉油毡衬垫	kg	10.96	—	13.69	—	11.32	—
		环氧聚氨酯嵌缝膏	kg	54.37	—	67.96	—	56.18	—
		电焊条	kg	28.39	—	66.48	—	17.94	—
		其他材料费	元	1753	—	3824	—	1237	—
		措施费分摊	元	2414	—	5492	—	1719	—
		材料费小计	元	39230	53.54	85793	51.46	27688	53.07
	机械费	龙门式起重机 5t	台班	13.18	—	30.26	—	8.88	—
		龙门式起重机 10t	台班	6.04	—	12.32	—	4.72	—
		自卸汽车 4t	台班	6.84	—	15.64	—	4.73	—
		交流电焊机 30kV·A	台班	6.50	—	15.22	—	4.11	—
		双锥反转出料搅拌机 800L	台班	2.20	—	50.14	—	1.59	—
		工业锅炉 1t/h	台班	4.17	—	9.12	—	3.00	—
		其他机械费	元	558	—	1469	—	396	—
		措施费分摊	元	139	—	316	—	99	—
		机械费小计	元	11865	16.19	31164	18.69	8420	16.14
	直接费小计		元	57391	—	130584	—	40860	—
综合费用			元	15886	21.68	36146	21.68	11310	21.68
合计			元	73277	—	166729	—	52170	—

B.2.12 洞口处理（柔性接缝环）

工程内容：施工阶段安装临时止水带、防水钢板，隧道贯通后拆除洞口环管片、临时防水环板，安装柔性接缝环、安装钢环板，浇筑洞口钢筋混凝土环圈等。

单位：处

指标编号				6BF-053		6BF-054	
项目			单位	洞口处理（柔性接缝环）			
				D≤4m	占指标基价（%）	D≤5m	占指标基价（%）
指标基价			元	124735	100.00	155942	100.00
一、建筑安装工程费			元	124735	100.00	155942	100.00
二、设备购置费			元	—	—	—	—
建筑安装工程费							
直接费	人工费	人工	工日	369	—	461	—
		措施费分摊	元	378	—	472	—
		人工费小计	元	11815	9.47	14769	9.47
	材料费	泵送商品混凝土 C30	m^3	5.20	—	6.50	—
		木模成材	m^3	0.86	—	1.07	—
		钢筋	t	1.28	—	1.60	—
		细加工钢材	t	0.20	—	0.25	—
		粗加工钢材	t	3.06	—	3.83	—
		聚氨酯粘合剂	kg	24.46	—	30.57	—
		聚氨酯泡沫塑料	kg	36.15	—	45.18	—
		螺栓套管	只	235.01	—	293.76	—
		303 氯丁酚醛胶	kg	130.16	—	162.70	—
		环氧树脂	kg	9.48	—	11.85	—
		乳胶水泥	kg	1000.81	—	1251.01	—
		氯丁橡胶条	kg	5.12	—	6.41	—
		结皮海绵橡胶板	kg	361.92	—	452.40	—
		内防水橡胶止水带	m	13.45	—	16.81	—
		电焊条	kg	210.33	—	262.92	—
		其他材料费	元	3038	—	3799	—
		措施费分摊	元	4109	—	5137	—
		材料费小计	元	67915	54.45	84911	54.45
	机械费	龙门式起重机 10t	台班	37.16	—	46.45	—
		混凝土输送泵车 $75m^3/h$	台班	0.39	—	0.49	—
		交流电焊机 30kV·A	台班	24.82	—	31.03	—
		电动灌浆机	台班	10.61	—	13.26	—
		双慢电动卷扬机 10t	台班	9.34	—	11.68	—
		电动空压机 $0.9m^3$	台班	2.24	—	2.81	—
		轴流风机 7.5kW	台班	35.95	—	44.94	—
		其他机械费	元	844	—	1055	—
		措施费分摊	元	236	—	295	—
		机械费小计	元	17963	14.40	22455	14.40
	直接费小计		元	97693	—	122135	—
综合费用			元	27042	21.68	33807	21.68
合计			元	124735	—	155942	—

工程内容：施工阶段安装临时止水带、防水钢板，隧道贯通后拆除洞口环管片、临时防水环板，安装柔性接缝环、安装钢环板，浇筑洞口钢筋混凝土环圈等。

单位：处

指标编号				6BF-055		6BF-056	
项目			单位	洞口处理（柔性接缝环）			
				D≤6m	占指标基价（%）	D≤7m	占指标基价（%）
指标基价			元	193350	100.00	236675	100.00
一、建筑安装工程费			元	193350	100.00	236675	100.00
二、设备购置费			元	—	—	—	—
建筑安装工程费							
直接费	人工费	人工	工日	584	—	736	—
		措施费分摊	元	586	—	717	—
		人工费小计	元	18684	9.66	23545	9.95
	材料费	泵送商品混凝土 C30	m^3	9.36	—	13.65	—
		木模成材	m^3	1.46	—	1.99	—
		钢筋	t	2.31	—	3.36	—
		细加工钢材	t	0.30	—	0.35	—
		粗加工钢材	t	4.59	—	5.36	—
		聚氨酯粘合剂	kg	36.68	—	42.80	—
		聚氨酯泡沫塑料	kg	54.22	—	63.25	—
		螺栓套管	只	352.51	—	411.26	—
		303 氯丁酚醛胶	kg	195.24	—	227.78	—
		环氧树脂	kg	14.22	—	16.59	—
		乳胶水泥	kg	1501.22	—	1751.42	—
		氯丁橡胶条	kg	7.69	—	8.97	—
		结皮海绵橡胶板	kg	542.87	—	633.35	—
		内防水橡胶止水带	m	20.18	—	23.54	—
		电焊条	kg	318.57	—	377.23	—
		其他材料费	元	4663	—	5621	—
		措施费分摊	元	6370	—	7797	—
		材料费小计	元	104287	53.94	125843	53.17
	机械费	龙门式起重机 10t	台班	58.77	—	74.04	—
		混凝土输送泵车 $75m^3/h$	台班	0.70	—	1.03	—
		交流电焊机 30kV·A	台班	37.50	—	44.29	—
		电动灌浆机	台班	15.91	—	18.56	—
		双慢电动卷扬机 10t	台班	15.57	—	21.20	—
		电动空压机 $0.9m^3$	台班	3.74	—	5.09	—
		轴流风机 7.5kW	台班	56.84	—	71.56	—
		其他机械费	元	1338	—	1692	—
		措施费分摊	元	366	—	448	—
		机械费小计	元	28462	14.72	35978	15.20
	直接费小计		元	151433	—	185366	—
综合费用			元	41917	21.68	51309	21.68
合　计			元	193350	—	236675	—

工程内容：施工阶段安装临时止水带、防水钢板，隧道贯通后拆除洞口环管片、临时防水环板，安装柔性接缝环、安装钢环板，浇筑洞口钢筋混凝土环圈等。

单位：处

指标编号				6BF-057		6BF-058		6BF-059	
项目			单位	洞口处理（柔性接缝环）					
				$D\leqslant 11$m	占指标基价（%）	$D\leqslant 15$m	占指标基价（%）	$2\times D6.2$m	占指标基价（%）
指标基价			元	432764	100.00	541117	100.00	449802	100.00
一、建筑安装工程费			元	432764	100.00	541117	100.00	449802	100.00
二、设备购置费			元	—	—	—	—	—	—
建筑安装工程费									
直接费	人工费	人工	工日	1343	—	1682	—	1409	—
		措施费分摊	元	1311	—	1639	—	1362	—
		人工费小计	元	42985	9.93	53825	9.95	45092	10.02
	材料费	泵送商品混凝土 C30	m^3	31.21	—	39.01	—	32.25	—
		木模成材	m^3	4.26	—	5.33	—	4.41	—
		钢筋	t	7.69	—	9.61	—	7.94	—
		细加工钢材	t	0.60	—	0.75	—	0.62	—
		粗加工钢材	t	9.18	—	11.48	—	9.49	—
		聚氨酯粘合剂	kg	73.37	—	91.71	—	75.81	—
		聚氨酯泡沫塑料	kg	108.43	—	135.54	—	112.05	—
		螺栓套管	只	705.02	—	881.28	—	728.52	—
		303 氯丁酚醛胶	kg	390.49	—	488.11	—	403.50	—
		乳胶水泥	kg	3002.43	—	3753.04	—	3102.51	—
		氯丁橡胶条	kg	15.37	—	19.22	—	15.89	—
		结皮海绵橡胶板	kg	1085.75	—	1357.19	—	1121.94	—
		内防水橡胶止水带	m	40.36	—	50.44	—	41.70	—
		电焊条	kg	661.73	—	827.16	—	685.75	—
		其他材料费	元	10124	—	12655	—	10462	—
		措施费分摊	元	14256	—	17825	—	14817	—
		材料费小计	元	226850	52.42	283585	52.41	234512	52.14
	机械费	龙门式起重机 10t	台班	141.83	—	177.29	—	148.23	—
		混凝土输送泵车 $75m^3/h$	台班	2.34	—	2.93	—	2.42	—
		交流电焊机 30kV·A	台班	77.20	—	96.50	—	80.34	—
		电动灌浆机	台班	31.82	—	39.78	—	32.88	—
		双慢电动卷扬机 10t	台班	43.60	—	54.51	—	48.27	—
		电动空压机 $0.9m^3$	台班	10.99	—	13.74	—	12.17	—
		轴流风机 7.5kW	台班	137.87	—	172.34	—	144.07	—
		其他机械费	元	3252	—	4065	—	3421	—
		措施费分摊	元	819	—	1024	—	852	—
		机械费小计	元	69109	15.97	86397	15.79	72684	16.16
	直接费小计		元	338944	—	423807	—	352289	—
综合费用			元	93820	21.68	117310	21.68	97514	21.68
合计			元	432764	—	541117	—	449802	—

B.2.13 钢 管 片

工程内容：管片钢壳、钢管片：号料、切割、滚圆弧、刨边、刨槽、上模具焊接成型、钻孔、吊运、油漆等。

单位：t

指标编号				6BF-060		6BF-061		6BF-062	
项目			单位	钢管片					
				复合管片钢壳	占指标基价（%）	单块重1t以内	占指标基价（%）	单块重1t以外	占指标基价（%）
指标基价			元	12367	100.00	14933	100.00	13129	100.00
一、建筑安装工程费			元	12367	100.00	14933	100.00	13129	100.00
二、设备购置费			元	—	—	—	—	—	—
建筑安装工程费									
直接费	人工费	人工	工日	25	—	40	—	39	—
		措施费分摊	元	37	—	45	—	40	—
		人工费小计	元	824	6.66	1295	8.67	1254	9.55
	材料费	细加工钢材	kg	56.10	—	14.48	—	13.59	—
		粗加工钢材	t	1.08	—	1.08	—	1.08	—
		防锈漆	kg	—	—	17.78	—	17.78	—
		环氧沥青漆	kg	17.78	—		—		—
		电焊条	kg	38.76	—	60.26	—	50.75	—
		其他材料费	元	106	—	104	—	103	—
		措施费分摊	元	407	—	492	—	432	—
		材料费小计	元	5824	47.09	5786	38.75	5668	43.17
	机械费	龙门式起重机 5t	台班	5.04	—	5.62	—	5.52	—
		龙门刨床 1000×3000	台班	2.50	—	6.55	—	2.60	—
		牛头刨床 630	台班	—	—	1.74	—	1.17	—
		摇臂钻床 ϕ63	台班	2.97	—	2.32	—	2.15	—
		板料校平机 16×2500	台班	0.48	—	0.67	—	0.50	—
		卷板机 20×2000	台班	—	—	0.24	—	0.13	—
		交流电焊机 30kV·A	台班	5.86	—	7.92	—	7.78	—
		其他机械费	元	59	—	90	—	65	—
		措施费分摊	元	23	—	28	—	25	—
		机械费小计	元	3038	24.57	4615	30.90	3361	25.60
	直接费小计		元	9686	—	11696	—	10283	—
综合费用			元	2681	21.68	3237	21.68	2846	21.68
合　计			元	12367	—	14933	—	13129	—

B.2.14　管节钢壳、顶升车架、止水框、连系梁加工

工程内容：钢制构件加工、油漆，吊运到隧道内，安装就位。

单位：t

指标编号				6BF-063		6BF-064	
				管节钢壳、顶升车架、止水框、连系梁加工			
项目			单位	管节钢壳	占指标基价（%）	顶升车架	占指标基价（%）
指标基价			元	14002	100.00	8781	100.00
一、建筑安装工程费			元	14002	100.00	8781	100.00
二、设备购置费			元	—	—	—	—
建筑安装工程费							
直接费	人工费	人工	工日	34	—	54	—
		措施费分摊	元	42	—	27	—
		人工费小计	元	1099	7.85	1716	19.54
	材料费	粗加工钢材	t	0.79	—	0.62	—
		钢筋	t	0.22	—	—	—
		不锈钢板	kg	74.46	—	—	—
		电焊条	kg	83.12	—	21.12	—
		其他材料费	元	123	—	121	—
		措施费分摊	元	461	—	289	—
		材料费小计	元	6748	48.19	3122	35.56
	机械费	龙门式起重机 10t	台班	4.63	—	3.38	—
		牛头刨床 630	台班	0.93	—	—	—
		板料校平机 16×2500	台班	0.30	—	0.32	—
		交流电焊机 30kV·A	台班	12.52	—	5.67	—
		其他机械费	元	61	—	40	—
		措施费分摊	元	27	—	17	—
		机械费小计	元	3119	22.28	2039	23.22
	直接费小计		元	10967	—	6877	—
综合费用			元	3036	21.68	1904	21.68
合计			元	14002	—	8781	—

工程内容：钢制构件加工、油漆，吊运到隧道内，安装就位。

单位：t

指标编号				6BF-065		6BF-066	
项目			单位	管节钢壳、顶升车架、止水框、连系梁加工			
				止水框	占指标基价（%）	连系梁	占指标基价（%）
指标基价			元	16037	100.00	10917	100.00
一、建筑安装工程费			元	16037	100.00	10917	100.00
二、设备购置费			元	—	—	—	—
建筑安装工程费							
直接费	人工费	人工	工日	69	—	32	—
		措施费分摊	元	49	—	33	—
		人工费小计	元	2185	13.63	1027	9.41
	材料费	粗加工钢材	t	1.08	—	1.08	—
		电焊条	kg	251.63	—	73.79	—
		其他材料费	元	121	—	101	—
		措施费分摊	元	528	—	360	—
		材料费小计	元	6700	41.78	5508	50.45
	机械费	龙门式起重机 10t	台班	5.40	—	3.19	—
		板料校平机 16×2500	台班	0.32	—	0.15	—
		交流电焊机 30kV·A	台班	16.05	—	8.58	—
		其他机械费	元	71	—	39	—
		措施费分摊	元	30	—	21	—
		机械费小计	元	3676	22.92	2015	18.46
	直接费小计		元	12560	—	8550	—
综合费用			元	3477	21.68	2367	21.68
合计			元	16037	—	10917	—

B.2.15 管节垂直顶升

工程内容：管节制作，管节吊运，拆除封顶块管片、垂直顶升，粘贴防水条，管节连接紧固，顶升到位后立管与隧道连接等。

单位：节

指标编号				6BF-067		6BF-068		6BF-069	
项目			单位	管节垂直顶升					
				首节顶升	占指标基价（%）	中间节顶升	占指标基价（%）	末节顶升	占指标基价（%）
指标基价			元	10450	100.00	6034	100.00	10270	100.00
一、建筑安装工程费			元	10450	100.00	6034	100.00	10270	100.00
二、设备购置费			元	—	—	—	—	—	—
建筑安装工程费									
直接费	人工费	人工	工日	56	—	31	—	45	—
		措施费分摊	元	22	—	14	—	22	—
		人工费小计	元	1775	16.99	995	16.49	1432	13.94
	材料费	预制混凝土 C40	m^3	1.15	—	1.15	—	1.15	—
		粗加工钢材	kg	290.00	—	56.00	—	295.00	—
		细加工钢材	kg	60.51	—	30.04	—	30.04	—
		环氧沥青漆	kg	18.56	—	18.56	—	18.56	—
		聚氨酯固化剂	kg	9.28	—	9.28	—	9.28	—
		枕木	m^3	0.07	—	0.04	—	0.04	—
		橡胶板	kg	10.58	—	4.59	—	4.59	—
		电焊条	kg	0.44	—	0.44	—	32.03	—
		其他材料费	元	254	—	130	—	250	—
		措施费分摊	元	244	—	156	—	240	—
		材料费小计	元	3035	29.04	1586	26.28	2993	29.14
	机械费	垂直顶升设备	台班	0.89	—	0.41	—	0.97	—
		龙门式起重机 10t	台班	3.43	—	2.35	—	2.91	—
		交流电焊机 30kV·A	台班	0.13	—	0.13	—	5.80	—
		单慢电动卷扬机 8t	台班	1.52	—	0.41	—	0.97	—
		双锥反转出料搅拌机 800L	台班	0.29	—	0.29	—	0.29	—
		立式钻床 ϕ50	台班	2.56	—	2.56	—	2.56	—
		工业锅炉（蒸发量 1t/h）	台班	0.40	—	0.40	—	0.40	—
		电动单级离心泵 ϕ100	台班	3.68	—	1.64	—	1.94	—
		其他机械费	元	305	—	194	—	328	—
		措施费分摊	元	14	—	9	—	14	—
		机械费小计	元	3374	32.29	2145	35.55	3619	35.24
	直接费小计		元	8184	—	4726	—	8044	—
综合费用			元	2265	21.68	1308	21.68	2226	21.68
合计			元	10450	—	6034	—	10270	—

管节外尺寸：长 2m×宽 2m×高 1 m，管壁厚 0.15m。

B.2.16 阴 极 保 护

工程内容：安装：设备、电极本体安装，支架加工、安装，电路接通、环氧密封等。电缆敷设：隧道内安装支架、护套管，电缆敷设，接头封口、挂牌等。

指标编号				6BF-070		6BF-071	
项目			单位	阴极保护			
				恒电位仪安装（只）	占指标基价（%）	阳极安装（只）	占指标基价（%）
指标基价			元	57621	100.00	12937	100.00
一、建筑安装工程费			元	2621	4.55	2937	22.70
二、设备购置费			元	55000	95.45	10000	77.30
建筑安装工程费							
直接费	人工费	人工	工日	7	—	11	—
		措施费分摊	元	8	—	9	—
		人工费小计	元	211	0.37	339	2.62
	材料费	螺栓带帽	kg	8.32	—	10.40	—
		粗加工钢材	kg	47.34	—	55.49	—
		铜芯电缆	m	61.20	—	30.60	—
		硬聚氯乙烯管 ϕ12.5	m	—	—	31.21	—
		胶塑板	kg	—	—	27.27	—
		橡胶管	m	12.24	—	—	—
		电焊条	kg	0.56	—	1.35	—
		其他材料费	元	72	—	77	—
		措施费分摊	元	86	—	97	—
		材料费小计	元	1595	2.77	1724	13.33
	机械费	龙门式起重机 5t	台班	1.37	—	0.48	—
		电瓶车 10t	台班	—	—	0.48	—
		交流电焊机 30kV·A	台班	0.16	—	0.39	—
		其他机械费	元	12	—	11	—
		措施费分摊	元	5	—	6	—
		机械费小计	元	247	0.43	237	1.83
	直接费小计		元	2053	—	2300	—
综合费用			元	568	0.99	637	4.92
合计			元	2621	—	2937	—

工程内容：安装：设备、电极本体安装，支架加工、安装，电路接通、环氧密封等。电缆敷设：隧道内安装支架、护套管，电缆敷设，接头封口、挂牌等。

指标编号			6BF-072		6BF-073	
项目		单位	阴极保护			
			阴极安装（只）	占指标基价（%）	电缆敷设（m）	占指标基价（%）
指标基价		元	16700	100.00	73	100.00
一、建筑安装工程费		元	1700	10.18	73	100.00
二、设备购置费		元	15000	89.82	—	—
建筑安装工程费						
直接费 人工费	人工	工日	5	—	1	—
	措施费分摊	元	5	—	—	—
	人工费小计	元	149	0.89	16	21.50
材料费	螺栓带帽	kg	4.16	—	—	—
	粗加工钢材	kg	15.45	—	0.13	—
	铜芯电缆	m	51.00	—	—	—
	电缆	m	—	—	1.05	—
	电焊条	kg	0.90	—	—	—
	其他材料费	元	46	—	2	—
	措施费分摊	元	56	—	2	—
	材料费小计	元	1024	6.13	42	56.78
机械费	龙门式起重机 5t	台班	0.33	—	—	—
	电瓶车 10t	台班	0.33	—	—	—
	交流电焊机 30kV·A	台班	0.26	—	—	—
	其他机械费	元	7	—	—	—
	措施费分摊	元	3	—	—	—
	机械费小计	元	159	0.95	—	—
	直接费小计	元	1331	—	57	—
综合费用		元	368	2.21	16	21.72
合计		元	1700	—	73	—

B.2.17 安装取水头

工程内容： 取水头加工，运输，立管揭顶盖，安装取水头。

单位：座

指标编号			单位	6BF-074		6BF-075	
				安装取水头			
项目				岸边安装取水头	占指标基价（%）	水下安装取水头	占指标基价（%）
指标基价			元	64807	100.00	68653	100.00
一、建筑安装工程费			元	4807	7.42	8653	12.60
二、设备购置费			元	60000	92.58	60000	87.40
建筑安装工程费							
直接费	人工费	人工	工日	33	—	39	—
		措施费分摊	元	15	—	26	—
		人工费小计	元	1026	1.58	1239	1.81
	材料费	枕木	m^3	0.01	—	0.02	—
		钢丝绳	t	0.07	—	0.08	—
		不锈钢螺丝	只	48.96	—	58.75	—
		橡胶板	kg	3.39	—	4.06	—
		其他材料费	元	52	—	62	—
		措施费分摊	元	158	—	285	—
		材料费小计	元	1254	1.94	1588	2.31
	机械费	汽车式起重机 8t	台班	1.40	—	1.68	—
		载重汽车 4t	台班	1.40	—	1.68	—
		单慢电动卷扬机 10t	台班	2.79	—	3.35	—
		潜水设备	台班	—	—	3.35	—
		木船 60t	t·d	—	—	201.10	—
		其他机械费	元	70	—	159	—
		措施费分摊	元	9	—	16	—
		机械费小计	元	1485	2.29	3950	5.75
	直接费小计		元	3765	—	6777	—
综合费用			元	1042	1.61	1876	2.73
合计			元	4807	—	8653	—

B.2.18 基础垫层

工程内容：砂石料及混凝土吊运、摊铺平整、分层浇水、振实、养护、排水等。

单位:100m³

指标编号				6BF-076		6BF-077	
				基础垫层			
项目			单位	黄砂	占指标基价（%）	碎石	占指标基价（%）
指标基价			元	13465	100.00	17266	100.00
一、建筑安装工程费			元	13465	100.00	17266	100.00
二、设备购置费			元	—	—	—	—
建筑安装工程费							
直接费	人工费	人工	工日	66	—	64	—
		措施费分摊	元	41	—	52	—
		人工费小计	元	2092	15.54	2051	11.88
		黄砂	t	180.34	—	—	—
		碎石	t	—	—	183.95	—
		其他材料费	元	107	—	161	—
		措施费分摊	元	444	—	569	—
		材料费小计	元	5894	43.77	7896	45.73
	机械费	履带式起重机 15t	台班	3.15	—	5.25	—
		潜水泵 $\phi150$	台班	9.27	—	7.42	—
		其他机械费	元	50	—	69	—
		措施费分摊	元	25	—	33	—
		机械费小计	元	2560	19.01	3576	20.71
	直接费小计		元	10546	—	13523	—
综合费用			元	2919	21.68	3743	21.68
合计			元	13465	—	17266	—

工程内容：砂石料及混凝土吊运、摊铺平整、分层浇水、振实、养护、排水等。

单位:100m³

指标编号				6BF-078		6BF-079	
				基础垫层			
项目			单位	大石块	占指标基价（%）	混凝土	占指标基价（%）
指标基价			元	19915	100.00	48281	100.00
一、建筑安装工程费			元	19915	100.00	48281	100.00
二、设备购置费			元	—	—	—	—
建筑安装工程费							
直接费	人工费	人工	工日	68	—	70	—
		措施费分摊	元	60	—	146	—
		人工费小计	元	2173	10.91	2333	4.83
	材料费	泵送商品混凝土 C20	m³	—	—	103.53	—
		块石	t	185.36	—	—	—
		木模成材	m³	—	—	0.20	—
		其他材料费	元	161	—	610	—
		措施费分摊	元	656	—	1590	—
		材料费小计	元	8862	44.50	32685	67.70
	机械费	履带式起重机 15t	台班	7.35	—	1.12	—
		混凝土输送泵车 75m³/h	台班	—	—	1.15	—
		潜水泵 ϕ150	台班	5.25	—	4.91	—
		其他机械费	元	89	—	53	—
		措施费分摊	元	38	—	91	—
		机械费小计	元	4563	22.91	2797	5.79
	直接费小计		元	15597	—	37814	—
综合费用			元	4317	21.68	10467	21.68
合计			元	19915	—	48281	—

B.2.19 钢筋混凝土底板

工程内容：制模、立模、拆模，钢筋制作、绑扎，混凝土吊运、浇筑、养护等。

单位:100m³

指标编号				6BF-080		6BF-081	
项目			单位	钢筋混凝土底板			
				板厚 0.5m 以内	占指标基价（%）	板厚 0.75m 以内	占指标基价（%）
指标基价			元	132940	100.00	128225	100.00
一、建筑安装工程费			元	132940	100.00	128225	100.00
二、设备购置费			元	—	—	—	—
建筑安装工程费							
直接费	人工费	人工	工日	110	—	107	—
		措施费分摊	元	403	—	388	—
		人工费小计	元	3817	2.87	3694	2.88
	材料费	泵送商品混凝土 C30	m³	103.53	—	103.53	—
		钢筋	t	15.20	—	14.30	—
		木模成材	m³	0.41	—	0.41	—
		钢模及配件	kg	82.50	—	82.50	—
		电焊条	kg	32.53	—	30.70	—
		其他材料费	元	1774	—	1710	—
		措施费分摊	元	4379	—	4224	—
		材料费小计	元	94848	71.35	91432	71.31
	机械费	混凝土输送泵车 75m³/h	台班	1.26	—	1.26	—
		履带式起重机 15t	台班	3.97	—	3.80	—
		汽车式起重机 5t	台班	0.51	—	0.51	—
		交流电焊机 30kV·A	台班	9.34	—	8.85	—
		其他机械费	元	152	—	147	—
		措施费分摊	元	252	—	243	—
		机械费小计	元	5455	4.10	5301	4.13
	直接费小计		元	104119	—	100427	—
综合费用			元	28820	21.68	27798	21.68
合计			元	132940	—	128225	—

工程内容：制模、立模、拆模，钢筋制作、绑扎，混凝土吊运、浇筑、养护等。

单位:100m³

指标编号				6BF-082		6BF-083	
项目			单位	钢筋混凝土底板			
				板厚 1.0m 以内	占指标基价（%）	板厚 1.0m 以外	占指标基价（%）
指标基价			元	123995	100.00	121845	100.00
一、建筑安装工程费			元	123995	100.00	121845	100.00
二、设备购置费			—	—	—	—	—
建筑安装工程费							
直接费	人工费	人工	工日	103	—	100	—
		措施费分摊	元	376	—	369	—
		人工费小计	元	3573	2.88	3458	2.84
	材料费	泵送商品混凝土 C30	m³	103.53	—	103.53	—
		钢筋	t	13.50	—	13.10	—
		木模成材	m³	0.41	—	0.41	—
		钢模及配件	kg	82.50	—	82.50	—
		电焊条	kg	28.99	—	28.99	—
		其他材料费	元	1653	—	1625	—
		措施费分摊	元	4085	—	4014	—
		材料费小计	元	88394	71.29	86879	71.30
	机械费	混凝土输送泵车 75m³/h	台班	1.26	—	1.26	—
		履带式起重机 15t	台班	3.63	—	3.63	—
		汽车式起重机 5t	台班	0.51	—	0.51	—
		交流电焊机 30kV·A	台班	8.35	—	7.86	—
		其他机械费	元	143	—	142	—
		措施费分摊	元	235	—	231	—
		机械费小计	元	5147	4.15	5093	4.18
	直接费小计		元	97114	—	95430	—
综合费用			元	26881	21.68	26415	21.68
合计			元	123995	—	121845	—

B.2.20 钢筋混凝土墙

工程内容：制模、立模、拆模，钢筋制作、绑扎，混凝土吊运、浇筑、养护等。

单位:$100m^3$

指标编号			单位	6BF-084		6BF-085	
项目				钢筋混凝土墙			
				墙厚 0.3m 以内	占指标基价（%）	墙厚 0.6m 以内	占指标基价（%）
指标基价			元	171155	100.00	149555	100.00
一、建筑安装工程费			元	171155	100.00	149555	100.00
二、设备购置费			元	—	—	—	—
建筑安装工程费							
直接费	人工费	人工	工日	509	—	361	—
		措施费分摊	元	518	—	453	—
		人工费小计	元	16324	9.54	11665	7.80
	材料费	泵送商品混凝土 C30	m^3	103.53	—	103.53	—
		钢筋	t	13.59	—	12.55	—
		木模成材	m^3	2.45	—	1.53	—
		钢模及配件	kg	2485.00	—	1553.00	—
		电焊条	kg	93.48	—	86.29	—
		其他材料费	元	1920	—	1613	—
		措施费分摊	元	5638	—	4927	—
		材料费小计	元	103561	60.51	93892	62.78
	机械费	混凝土输送泵车 $75m^3/h$	台班	2.51	—	2.51	—
		履带式起重机 15t	台班	10.73	—	7.60	—
		汽车式起重机 5t	台班	4.28	—	2.68	—
		交流电焊机 30kV·A	台班	21.10	—	19.48	—
		对焊机 75kV·A	台班	3.38	—	3.02	—
		其他机械费	元	403	—	329	—
		措施费分摊	元	324	—	283	—
		机械费小计	元	14164	8.28	11576	7.74
	直接费小计		元	134050	—	117133	—
综合费用			元	37105	21.68	32422	21.68
合计			元	171155	—	149555	—

工程内容：制模、立模、拆模，钢筋制作、绑扎，混凝土吊运、浇筑、养护等。

单位:$100m^3$

指标编号				6BF-086		6BF-087	
项目			单位	钢筋混凝土墙			
				墙厚 0.6m 以外	占指标基价（%）	衬墙	占指标基价（%）
指标基价			元	134902	100.00	164187	100.00
一、建筑安装工程费			元	134902	100.00	164187	100.00
二、设备购置费			元	—	—	—	—
建筑安装工程费							
直接费	人工费	人工	工日	275	—	474	—
		措施费分摊	元	409	—	497	—
		人工费小计	元	8950	6.63	15208	9.26
	材料费	泵送商品混凝土 C30	m^3	103.53	—	103.53	—
		钢筋	t	11.50	—	14.64	—
		木模成材	m^3	1.02	—	2.04	—
		钢模及配件	kg	1035.00	—	1077.00	—
		电焊条	kg	79.10	—	92.96	—
		其他材料费	元	1613	—	1864	—
		措施费分摊	元	4444	—	5409	—
		材料费小计	元	86710	64.28	100466	61.19
	机械费	混凝土输送泵车 $75m^3/h$	台班	2.51	—	2.51	—
		履带式起重机 15t	台班	5.76	—	5.37	—
		汽车式起重机 5t	台班	1.79	—	2.26	—
		交流电焊机 30kV·A	台班	17.86	—	22.41	—
		对焊机 75kV·A	台班	2.77	—	3.50	—
		电动空压机 $0.9m^3$	台班	—	—	30.98	—
		其他机械费	元	284	—	367	—
		措施费分摊	元	255	—	311	—
		机械费小计	元	9996	7.41	12918	7.87
	直接费小计		元	105656	—	128593	—
综合费用			元	29246	21.68	35594	21.68
合计			元	134902	—	164187	—

B.2.21 钢筋混凝土柱、梁

工程内容：制模、立模、拆模，钢筋制作、绑扎，混凝土吊运、浇筑、养护等。

单位:100m^3

指标编号				6BF-088		6BF-089	
项目			单位	钢筋混凝土柱、梁			
				柱	占指标基价（%）	梁高0.6m以内	占指标基价（%）
指标基价			元	207501	100.00	197994	100.00
一、建筑安装工程费			元	207501	100.00	197994	100.00
二、设备购置费			元	—	—	—	—
建筑安装工程费							
直接费	人工费	人工	工日	783	—	707	—
		措施费分摊	元	629	—	600	—
		人工费小计	元	24911	12.01	22534	11.38
	材料费	泵送商品混凝土C30	m^3	103.53	—	103.53	—
		钢筋	t	17.77	—	16.73	—
		木模成材	m^3	1.81	—	1.71	—
		钢模及配件	kg	2573.00	—	2036.00	—
		电焊条	kg	131.44	—	81.68	—
		其他材料费	元	2213	—	1937	—
		措施费分摊	元	6835	—	6522	—
		材料费小计	元	119709	57.69	112883	57.01
	机械费	混凝土输送泵车75m^3/h	台班	3.31	—	3.27	—
		履带式起重机15t	台班	14.15	—	15.49	—
		汽车式起重机5t	台班	4.76	—	11.22	—
		交流电焊机30kV·A	台班	29.56	—	17.20	—
		其他机械费	元	510	—	562	—
		措施费分摊	元	393	—	375	—
		机械费小计	元	17896	8.62	19654	9.93
	直接费小计		元	162517	—	155071	—
综合费用			元	44985	21.68	42924	21.68
合计			元	207501	—	197994	—

工程内容：制模、立模、拆模，钢筋制作、绑扎，混凝土吊运、浇筑、养护等。

单位:100m³

指标编号				6BF-090		6BF-091	
项目			单位	钢筋混凝土柱、梁			
				梁高 0.6m 以外	占指标基价（%）	地梁	占指标基价（%）
指标基价			元	175376	100.00	173173	100.00
一、建筑安装工程费			元	175376	100.00	173173	100.00
二、设备购置费			元	—	—	—	—
建筑安装工程费							
直接费	人工费	人工	工日	514	—	615	—
		措施费分摊	元	531	—	525	—
		人工费小计	元	16473	9.39	19618	11.33
	材料费	泵送商品混凝土 C30	m^3	103.53	—	103.53	—
		钢筋	t	15.68	—	14.64	—
		木模成材	m^3	1.12	—	1.39	—
		钢模及配件	kg	1333.00	—	1012.00	—
		电焊条	kg	76.58	—	73.83	—
		其他材料费	元	1937	—	1841	—
		措施费分摊	元	5777	—	5705	—
		材料费小计	元	104545	59.61	99609	57.52
	机械费	混凝土输送泵车 75m^3/h	台班	3.27	—	2.21	—
		履带式起重机 15t	台班	12.24	—	6.12	—
		汽车式起重机 5t	台班	7.51	—	7.33	—
		交流电焊机 30kV·A	台班	16.13	—	15.20	—
		潜水泵 ϕ150	台班	—	—	60.87	—
		其他机械费	元	466	—	468	—
		措施费分摊	元	332	—	328	—
		机械费小计	元	16338	9.32	16404	9.47
	直接费小计		元	137356	—	135630	—
综合费用			元	38020	21.68	37543	21.68
合计			元	175376	—	173173	—

B.2.22 钢筋混凝土平台板、顶板

工程内容： 制模、立模、拆模，钢筋制作、绑扎，混凝土吊运、浇筑、养护等。

单位:100m³

指标编号				6BF-092		6BF-093	
项目			单位	钢筋混凝土平台板、顶板			
				板厚 0.3m 以内	占指标基价（%）	板厚 0.5m 以内	占指标基价（%）
指标基价			元	148539	100.00	136529	100.00
一、建筑安装工程费			元	148539	100.00	136529	100.00
二、设备购置费			元	—	—	—	—
建筑安装工程费							
直接费	人工费	人工	工日	347	—	259	—
		措施费分摊	元	450	—	414	—
		人工费小计	元	11231	7.56	8461	6.20
	材料费	泵送商品混凝土 C30	m³	103.53	—	103.53	—
		钢筋	t	12.02	—	11.50	—
		木模成材	m³	0.98	—	0.61	—
		钢模及配件	kg	1439.00	—	899.00	—
		电焊条	kg	90.49	—	86.55	—
		其他材料费	元	1685	—	1517	—
		措施费分摊	元	4893	—	4497	—
		材料费小计	元	90827	61.15	85731	62.79
	机械费	混凝土输送泵车 75m³/h	台班	2.21	—	2.21	—
		履带式起重机 15t	台班	9.20	—	7.26	—
		汽车式起重机 5t	台班	8.61	—	7.72	—
		交流电焊机 30kV·A	台班	19.60	—	18.75	—
		对焊机 75kV·A	台班	3.67	—	3.51	—
		其他机械费	元	408	—	364	—
		措施费分摊	元	281	—	258	—
		机械费小计	元	14279	9.61	12739	9.33
	直接费小计		元	116337	—	106930	—
综合费用			元	32202	21.68	29598	21.68
合计			元	148539	—	136529	—

工程内容：制模、立模、拆模，钢筋制作、绑扎，混凝土吊运、浇筑、养护等。

单位:100m³

指标编号				6BF-094		6BF-095	
项目			单位	钢筋混凝土平台板、顶板			
				板厚 0.8m 以内	占指标基价（%）	板厚 0.8m 以外	占指标基价（%）
指标基价			元	125163	100.00	119237	100.00
一、建筑安装工程费			元	125163	100.00	119237	100.00
二、设备购置费			元	—	—	—	—
建筑安装工程费							
直接费	人工费	人工	工日	195	—	167	—
		措施费分摊	元	379	—	361	—
		人工费小计	元	6433	5.14	5535	4.64
	材料费	泵送商品混凝土 C30	m^3	103.53	—	103.53	—
		钢筋	t	10.98	—	10.46	—
		木模成材	m^3	0.35	—	0.24	—
		钢模及配件	kg	514.00	—	362.00	—
		电焊条	kg	83.34	—	78.68	—
		其他材料费	元	1517	—	1464	—
		措施费分摊	元	4123	—	3928	—
		材料费小计	元	81469	65.09	78574	65.90
	机械费	混凝土输送泵车 75m³/h	台班	2.21	—	2.21	—
		履带式起重机 15t	台班	5.83	—	5.13	—
		汽车式起重机 5t	台班	3.08	—	2.15	—
		交流电焊机 30kV·A	台班	17.89	—	17.04	—
		对焊机 75kV·A	台班	3.35	—	3.19	—
		其他机械费	元	288	—	264	—
		措施费分摊	元	237	—	226	—
		机械费小计	元	10127	8.09	9278	7.78
	直接费小计		元	98029	—	93387	—
综合费用			元	27134	21.68	25850	21.68
合计			元	125163	—	119237	—

B.2.23 钢筋混凝土楼梯、电缆沟、侧石、牛腿

工程内容：制模、立模、拆模，钢筋制作、绑扎，混凝土吊运、浇筑、养护等。

单位:$100m^3$

指标编号				6BF-096		6BF-097	
项目			单位	钢筋混凝土楼梯、电缆沟、侧石、牛腿			
				楼梯	占指标基价（%）	电缆沟	占指标基价（%）
指标基价			元	198153	100.00	129383	100.00
一、建筑安装工程费			元	198153	100.00	129383	100.00
二、设备购置费			元	—	—	—	—
建筑安装工程费							
直接费	人工费	人工	工日	980	—	350	—
		措施费分摊	元	600	—	392	—
		人工费小计	元	30999	15.64	11259	8.70
	材料费	泵送商品混凝土 C30	m^3	103.53	—	103.53	—
		钢筋	t	9.41	—	7.32	—
		木模成材	m^3	3.19	—	0.80	—
		钢模及配件	kg	1418.00	—	873.00	—
		电焊条	kg	96.44	—	115.45	—
		其他材料费	元	1550	—	1458	—
		措施费分摊	元	6527	—	4262	—
		材料费小计	元	85558	43.18	70676	54.63
	机械费	混凝土输送泵车 $75m^3/h$	台班	15.44	—	—	—
		履带式起重机 15t	台班	15.44	—	25.68	—
		汽车式起重机 5t	台班	11.34	—	4.92	—
		交流电焊机 30kV·A	台班	21.92	—	29.33	—
		对焊机 75kV·A	台班	4.92	—	—	—
		其他机械费	元	1114	—	558	—
		措施费分摊	元	375	—	245	—
		机械费小计	元	38638	19.50	19398	14.99
	直接费小计		元	155195	—	101334	—
综合费用			元	42958	21.68	28049	21.68
合计			元	198153	—	129383	—

工程内容：制模、立模、拆模，钢筋制作、绑扎，混凝土吊运、浇筑、养护等。

单位:$100m^3$

指标编号				6BF-098		6BF-099	
项目			单位	钢筋混凝土楼梯、电缆沟、侧石、牛腿			
				车道侧石	占指标基价（%）	牛腿	占指标基价（%）
指标基价			元	142272	100.00	248979	100.00
一、建筑安装工程费			元	142272	100.00	248979	100.00
二、设备购置费			元	—	—	—	—
建筑安装工程费							
直接费	人工费	人工	工日	432	—	1304	—
		措施费分摊	元	431	—	754	—
		人工费小计	元	13828	9.72	41229	16.56
	材料费	泵送商品混凝土 C30	m^3	103.53	—	103.53	—
		钢筋	t	9.80	—	13.59	—
		木模成材	m^3	0.98	—	3.83	—
		钢模及配件	kg	559.00	—	1701.00	—
		电焊条	kg	144.15	—	234.25	—
		其他材料费	元	1458	—	1900	—
		措施费分摊	元	4687	—	8202	—
		材料费小计	元	79054	55.57	105107	42.21
	机械费	混凝土输送泵车 $75m^3/h$	台班	—	—	13.13	—
		履带式起重机 15t	台班	22.84	—	30.66	—
		汽车式起重机 5t	台班	3.47	—	13.61	—
		交流电焊机 30kV·A	台班	41.55	—	67.52	—
		其他机械费	元	532	—	1404	—
		措施费分摊	元	269	—	471	—
		机械费小计	元	18547	13.04	48667	19.55
	直接费小计		元	111429	—	195003	—
综合费用			元	30843	21.68	53977	21.68
合计			元	142272	—	248979	—

B.2.24 圆隧道钢筋混凝土内衬

工程内容：制模、立模、拆模，钢筋制作、绑扎，混凝土吊运、浇筑、养护等。

单位:100m³

指标编号				6BF-100		6BF-101	
项目			单位	圆隧道钢筋混凝土内衬			
				弓形底板	占指标基价（%）	支承墙	占指标基价（%）
指标基价			元	93343	100.00	158266	100.00
一、建筑安装工程费			元	93343	100.00	158266	100.00
二、设备购置费			元	—	—	—	—
建筑安装工程费							
直接费	人工费	人工	工日	206	—	557	—
		措施费分摊	元	283	—	479	—
		人工费小计	元	6690	7.17	17775	11.23
	材料费	泵送商品混凝土 C30	m^3	103.35	—	103.35	—
		钢筋	t	5.23	—	11.50	—
		木模成材	m^3	0.18	—	2.05	—
		钢模及配件	kg	225.00	—	1510.00	—
		电焊条	kg	41.82	—	120.84	—
		其他材料费	元	1075	—	1937	—
		措施费分摊	元	3075	—	5213	—
		材料费小计	元	57893	62.02	90944	57.46
	机械费	混凝土输送泵车 $75m^3/h$	台班	2.39	—	2.63	—
		履带式起重机 15t	台班	4.80	—	5.25	—
		汽车式起重机 5t	台班	2.27	—	12.98	—
		交流电焊机 30kV·A	台班	8.80	—	33.91	—
		对焊机 75kV·A	台班	3.26	—	—	—
		其他机械费	元	243	—	435	—
		措施费分摊	元	177	—	300	—
		机械费小计	元	8524	9.13	15236	9.63
	直接费小计		元	73107	—	123955	—
综合费用			元	20236	21.68	34311	21.68
合计			元	93343	—	158266	—

工程内容：制模、立模、拆模，钢筋制作、绑扎，混凝土吊运、浇筑、养护等。

单位:$100m^3$

指标编号				6BF-102		6BF-103	
项目			单位	圆隧道钢筋混凝土内衬			
				侧向衬墙	占指标基价（%）	顶内衬墙	占指标基价（%）
指标基价			元	195842	100.00	254652	100.00
一、建筑安装工程费			元	195842	100.00	254652	100.00
二、设备购置费			元	—	—	—	—
建筑安装工程费							
直接费	人工费	人工	工日	716	—	1355	—
		措施费分摊	元	593	—	771	—
		人工费小计	元	22811	11.65	42812	16.81
	材料费	泵送商品混凝土 C30	m^3	103.35	—	103.35	—
		钢筋	t	15.68	—	16.73	—
		木模成材	m^3	1.53	—	4.59	—
		钢模及配件	kg	1127.00	—	3380.00	—
		电焊条	kg	164.78	—	210.92	—
		其他材料费	元	1937	—	2280	—
		措施费分摊	元	6451	—	8389	—
		材料费小计	元	105242	53.74	124688	48.96
	机械费	混凝土输送泵车 $75m^3/h$	台班	6.09	—	6.09	—
		履带式起重机 15t	台班	12.18	—	12.18	—
		汽车式起重机 5t	台班	12.49	—	26.82	—
		交流电焊机 30kV·A	台班	46.24	—	59.18	—
		其他机械费	元	727	—	916	—
		措施费分摊	元	371	—	482	—
		机械费小计	元	25333	12.94	31946	12.54
	直接费小计		元	153385	—	199446	—
综合费用			元	42457	21.68	55207	21.68
合计			元	195842	—	254652	—

B.2.25 隧道内钢筋混凝土道路

工程内容：制模、立模、拆模，钢筋制作、绑扎，混凝土吊运、浇筑、养护等。

单位：100 m^3

指标编号				6BF-104		6BF-105	
项目			单位	隧道内钢筋混凝土道路			
				矩形隧道道路	占指标基价（%）	圆形隧道道路	占指标基价（%）
指标基价			元	131385	100.00	194814	100.00
一、建筑安装工程费			元	131385	100.00	194814	100.00
二、设备购置费			元	—	—	—	—
建筑安装工程费							
直接费	人工费	人工	工日	180	—	570	—
		措施费分摊	元	398	—	590	—
		人工费小计	元	5983	4.55	18277	9.38
	材料费	泵送商品混凝土 C30	m^3	103.53	—	103.53	—
		钢筋	t	11.90	—	17.61	—
		木模成材	m^3	0.71	—	2.55	—
		钢模及配件	kg	—	—	1825.80	—
		电焊条	kg	22.24	—	32.23	—
		乳化沥青	kg	261.43	—	115.06	—
		其他材料费	元	1966	—	2698	—
		措施费分摊	元	4328	—	6417	—
		材料费小计	元	84942	64.65	117034	60.07
	机械费	履带式起重机 15t	台班	1.16	—	—	—
		龙门式起重机 10t	台班	—	—	14.02	—
		混凝土输送泵车 75m^3/h	台班	7.46	—	7.46	—
		交流电焊机 30kV·A	台班	2.65	—	3.05	—
		电动空压机 0.9m^3	台班	—	—	3.26	—
		载重汽车 4t	台班	—	—	6.51	—
		其他机械费	元	230	—	331	—
		措施费分摊	元	249	—	369	—
		机械费小计	元	11977	9.12	17268	8.86
	直接费小计		元	102902	—	152580	—
综合费用			元	28483	21.68	42234	21.68
合计			元	131385	—	194814	—

B.2.26 隧道内沥青路面

工程内容：放养、凿边、涂乳化沥青、铺筑、碾压、封边、清理等。

单位：100m²

指标编号				6BF-106		6BF-107	
项目			单位	隧道内沥青路面			
				沥青面层 80mm	占指标基价（%）	防滑层 80mm	占指标基价（%）
指标基价			元	7942	100.00	4323	100.00
一、建筑安装工程费			元	7942	100.00	4323	100.00
二、设备购置费			元	—	—	—	—
建筑安装工程费							
直接费	人工费	人工	工日	3	—	1	—
		措施费分摊	元	24	—	13	—
		人工费小计	元	110	1.38	53	1.23
	材料费	中粒式沥青混凝土（AC-30）	t	12.52	—	—	—
		细粒式沥青混凝土（AC-13）	t	7.35	—	—	—
		抗滑表层（AK-13-0）	t	—	—	9.95	—
		乳化沥青	kg	64.89	—	32.45	—
		其他材料费	元	110	—	59	—
		措施费分摊	元	262	—	142	—
		材料费小计	元	5893	74.21	3144	72.72
	机械费	沥青混凝土摊铺机 8 t(带自动找平)	台班	0.12	—	—	—
		沥青混凝土摊铺机 8.5m	台班	—	—	0.06	—
		液压振动压路机	台班	0.09	—	0.04	—
		其他机械费	元	10	—	9	—
		措施费分摊	元	15	—	8	—
		机械费小计	元	217	2.73	189	4.37
	直接费小计		元	6220	—	3386	—
综合费用			元	1722	21.68	937	21.68
合计			元	7942	—	4323	—

B.2.27 隧道内暗挖旁通道、泵房

工程内容：注浆法土体加固：钻孔、放阀管、配浆注浆。喷射混凝土：砂浆锚杆、搭喷射平台、喷射混凝土。

单位:100m^3

指标编号				6BF-108		6BF-109	
项目			单位	隧道内暗挖旁通道、泵房			
				注浆加固土体	占指标基价（%）	开挖加固土体	占指标基价（%）
指标基价			元	35434	100.00	18782	100.00
一、建筑安装工程费			元	35434	100.00	18782	100.00
二、设备购置费			元	—	—	—	—
建筑安装工程费							
直接费	人工费	人工	工日	66	—	205	—
		措施费分摊	元	107	—	57	—
		人工费小计	元	2150	6.07	6407	34.12
		水泥 42.5	t	11.13	—	—	—
		磨细粉煤灰	t	8.19	—	—	—
		膨润土	kg	2291.33	—	—	—
		水玻璃	kg	578.34	—	—	—
		注浆阀管	m	1254.60	—	—	—
		其他材料费	元	2059	—	900	—
		措施费分摊	元	1167	—	619	—
		材料费小计	元	23816	67.21	1519	8.09
		龙门式起重机 10t	台班	—	—	5.56	—
		液压钻机	台班	5.04	—	—	—
		液压注浆泵	台班	4.20	—	—	—
		泥浆泵	台班	5.04	—	—	—
		电动空压机 6m^3	台班	—	—	22.22	—
		其他机械费	元	82	—	321	—
		措施费分摊	元	67	—	36	—
		机械费小计	元	1786	5.04	6784	36.12
	直接费小计		元	27752	—	14710	—
综合费用			元	7682	21.68	4072	21.68
合计			元	35434	—	18782	—

工程内容：注浆法土体加固：钻孔、放阀管、配浆注浆。喷射混凝土：砂浆锚杆、搭喷射平台、喷射混凝土。

单位:100m³

指标编号				6BF-110		6BF-111	
项目			单位	隧道内暗挖旁通道、泵房			
				喷射混凝土	占指标基价（%）	旁通道混凝土	占指标基价（%）
指标基价			元	173301	100.00	361171	100.00
一、建筑安装工程费			元	173301	100.00	361171	100.00
二、设备购置费			元	—	—	—	—
建筑安装工程费							
直接费	人工费	人工	工日	805	—	2522	—
		措施费分摊	元	525	—	1094	—
		人工费小计	元	25489	14.71	79361	21.97
	材料费	泵送商品混凝土 C30	m^3	150.34	—	103.53	—
		钢筋	t	6.92	—	16.31	—
		木模成材	m^3	—	—	28.32	—
		电焊条	kg	116.54	—	281.10	—
		其他材料费	元	7435	—	12430	—
		措施费分摊	元	5709	—	11897	—
		材料费小计	元	87495	50.49	148623	41.15
	机械费	混凝土输送泵车 $75m^3/h$	台班	6.15	—	19.69	—
		龙门式起重机 10t	台班	—	—	49.41	—
		混凝土喷射机	台班	19.51	—	—	—
		电动空压机 $6m^3$	台班	16.78	—	—	—
		交流电焊机 30kV·A	台班	35.60	—	101.28	—
		其他机械费	元	1068	—	2581	—
		措施费分摊	元	328	—	684	—
		机械费小计	元	22746	13.13	54889	15.20
	直接费小计		元	135730	—	282872	—
综合费用			元	37570	21.68	78299	21.68
合计			元	173301	—	361171	—

工程内容：拆钢管片：卸螺栓，吊拆管片，装运出井。旁通道、泵房混凝土：混凝土输送、立模、扎钢筋浇混凝土。钢埋件：加工、焊接、安装。接缝处置：安装止水带、接缝灌浆等。

指标编号			单位	6BF-112		6BF-113		6BF-114	
项目				隧道内暗挖旁通道、泵房					
				拆钢管片（t）	占指标基价（%）	钢埋件（t）	占指标基价（%）	接缝处置（m）	占指标基价（%）
指标基价			元	3724	100.00	10257	100.00	8977	100.00
一、建筑安装工程费			元	3724	100.00	10257	100.00	8977	100.00
二、设备购置费			元	—	—	—	—	—	—
建筑安装工程费									
直接费	人工费	人工	工日	21	—	26	—	23	—
		措施费分摊	元	11	—	31	—	27	—
		人工费小计	元	655	17.58	840	8.19	754	8.40
	材料费	枕木	m^3	0.06	—	—	—	—	—
		粗加工钢材	t	0.09	—	1.08	—	0.36	—
		电焊条	kg	2.19	—	39.72	—	28.08	—
		303 氯丁酚醛胶	kg	—	—	—	—	10.36	—
		乳胶水泥	kg	—	—	—	—	79.68	—
		结皮海绵橡胶板	kg	—	—	—	—	28.82	—
		内防水橡胶止水带	m	—	—	—	—	1.07	—
		其他材料费	元	9	—	97	—	88	—
		措施费分摊	元	123	—	338	—	296	—
		材料费小计	元	593	15.93	5290	51.57	4761	53.04
	机械费	龙门式起重机 10t	台班	2.36	—	1.89	—	2.14	—
		轨道平车 5t	台班	6.30	—	4.41	—	4.26	—
		电瓶车 10t	台班	3.15	—	2.21	—	2.13	—
		交流电焊机 30kV·A	台班	0.63	—	6.97	—	2.60	—
		轴流风机 7.5kW	台班	2.96	—	1.97	—	2.14	—
		其他机械费	元	33	—	37	—	29	—
		措施费分摊	元	7	—	19	—	17	—
		机械费小计	元	1669	44.81	1904	18.56	1516	16.89
	直接费小计		元	2917	—	8034	—	7031	—
综合费用			元	807	21.68	2224	21.68	1946	21.68
合计			元	3724	—	10257	—	8977	—

B.2.28 结构诱导缝

工程内容：结构缝清洗，安装止水带，灌注密封材料等。

单位:m

指标编号				6BF-115		6BF-116	
项目			单位	结构诱导缝			
				顶板	占指标基价（%）	底板	占指标基价（%）
指标基价			元	491	100.00	631	100.00
一、建筑安装工程费			元	491	100.00	631	100.00
二、设备购置费			元	—	—	—	—
建筑安装工程费							
直接费	人工费	人工	工日	1	—	2	—
		措施费分摊	元	1	—	2	—
		人工费小计	元	42	8.58	62	9.85
	材料费	内防水橡胶止水带	m	1.09	—	1.09	—
		平板形橡胶止水带	m	—	—	1.09	—
		聚硫密封胶	kg	0.99	—	0.59	—
		粗加工钢材	kg	12.34	—	12.34	—
		其他材料费	元	15	—	19	—
		措施费分摊	元	16	—	21	—
		材料费小计	元	325	66.08	414	65.62
	机械费	其他机械费	元	18	—	18	—
		措施费分摊	元	0	—	0	—
		机械费小计	元	18	3.66	18	2.85
	直接费小计		元	385	—	494	—
综合费用			元	107	21.68	137	21.68
合计			元	491	—	631	—

工程内容：结构缝清洗，安装止水带，灌注密封材料等。

单位:m

指标编号				6BF-117		6BF-118	
项目			单位	结构诱导缝			
				侧墙	占指标基价（%）	中楼板	占指标基价（%）
指标基价			元	903	100.00	255	100.00
一、建筑安装工程费			元	903	100.00	255	100.00
二、设备购置费			元	—	—	—	—
建筑安装工程费							
直接费	人工费	人工	工日	2	—	1	—
		措施费分摊	元	3	—	1	—
		人工费小计	元	63	6.97	17	6.64
	材料费	内防水橡胶止水带	m	1.09	—	—	—
		平板形橡胶止水带	m	1.09	—	1.09	—
		聚硫密封胶	kg	0.59	—	0.34	—
		粗加工钢材	kg	12.34	—	6.18	—
		氯丁胶水泥砂浆	kg	23.56	—	—	—
		其他材料费	元	28	—	8	—
		措施费分摊	元	30	—	8	—
		材料费小计	元	623	68.92	167	65.79
	机械费	其他机械费	元	22	—	15	—
		措施费分摊	元	0	—	0	—
		机械费小计	元	22	2.44	15	5.89
	直接费小计		元	707	—	199	—
综合费用			元	196	21.68	55	21.68
合计			元	903	—	255	—

B.2.29 结构防水层

工程内容：结构层表面清洗，刷冷底子油，铺防水卷材，涂防水材料等。

单位：100m²

指标编号				6BF-119		6BF-120	
项目			单位	结构防水层			
				改良沥青防水层	占指标基价（%）	聚氨酯涂料防水层	占指标基价（%）
指标基价			元	7672	100.00	9323	100.00
一、建筑安装工程费			元	7672	100.00	9323	100.00
二、设备购置费			元	—	—	—	—
建筑安装工程费							
直接费	人工费	人工	工日	11	—	11	—
		措施费分摊	元	23	—	28	—
		人工费小计	元	349	4.55	354	3.80
	材料费	冷底子油	kg	45.90	—	—	—
		氯丁胶水泥砂浆	kg	9.18	—	9.18	—
		改良沥青防水卷材	m²	118.32	—	—	—
		环氧聚氨酯涂料	m²	3.06	—	121.38	—
		其他材料费	元	233	—	292	—
		措施费分摊	元	253	—	307	—
		材料费小计	元	5145	67.06	6430	68.97
	机械费	电动灌浆机	台班	8.66	—	8.66	—
		措施费分摊	元	15	—	18	—
		机械费小计	元	515	6.71	518	5.55
	直接费小计		元	6009	—	7302	—
综合费用			元	1663	21.68	2021	21.68
合计			元	7672	—	9323	—

附　录　B

附录 B.1　综合指标主要工程量取定表

1　矩形引道段隧道

工程特征：采用搅拌桩或钻孔桩作围护，开挖并建造引道段车行隧道（结构埋深≤6m）。

工程内容：深层搅拌桩围护，基坑开挖，安装、拆除钢支撑围令，降水、地基加固，内部结构施工，机械外运土方等。

单位：m

指标编号			6BZ-001		6BZ-002		6BZ-003	
项目		单位	深层搅拌桩、钻孔桩围护					
			二车道	占指标基价(%)	四车道	占指标基价(%)	六车道	占指标基价(%)
1	深层搅拌桩	m^3	15.19	14.20	8.90	5.02	8.90	3.69
2	钻孔桩	m^3	—	—	3.89	11.85	5.21	11.66
3	支撑基坑挖土	m^3	41.41	19.18	77.40	21.61	113.58	23.30
4	底板混凝土	m^3	8.30	34.70	15.53	39.16	22.80	42.22
5	墙体混凝土	m^3	5.61	26.77	5.80	16.69	6.18	13.06
6	底板诱导缝	m	0.45	0.91	0.90	1.09	1.35	1.21
7	侧墙诱导缝	m	0.30	0.87	0.30	0.52	0.30	0.38
8	沥青路面	m^2	9.00	2.19	18.00	2.63	27.00	2.90
9	沥青防滑层	m^2	9.00	1.19	18.00	1.44	27.00	1.58
	建筑安装费	元	31879	100.00	52409	100.00	71362	100.00

工程特征：采用 SMW 工法作围护，开挖并建造引道段车行隧道（结构埋深≤10m）。

工程内容：SMW 工法围护，基坑开挖，安装、拆除钢支撑围令，降水、地基加固，内部结构施工，机械外运土方等。

单位：m

指标编号			6BZ-004		6BZ-005		6BZ-006	
项目		单位	SMW 工法围护					
			二车道	占指标基价(%)	四车道	占指标基价（%）	六车道	占指标基价（%）
1	深层搅拌桩	m^3	2.60	1.80	2.60	1.22	2.60	0.93
2	SMW 工法 15m	m^3	14.69	11.40	5.05	2.65	—	—
3	SMW 工法 20m	m^3	—	—	9.64	5.38	14.69	6.27
4	SMW 工法 H 型钢	t	1.91	7.45	1.91	5.05	1.91	3.86
5	支撑基坑挖土 15m	m^3	60.35	22.32	112.88	28.27	164.90	31.58
6	底板混凝土	m^3	9.16	26.38	17.14	33.42	25.06	37.38
7	墙体混凝土	m^3	7.92	26.60	8.42	19.15	8.42	14.65
8	底板诱导缝	m	0.45	0.64	0.90	0.86	1.35	0.99
9	侧墙诱导缝	m	0.46	0.93	0.46	0.63	0.46	0.48
10	沥青路面	m^2	9.00	1.61	18.00	2.17	27.00	2.49
11	沥青防滑层	m^2	9.00	0.87	18.00	1.18	27.00	1.36
	建筑安装费	元	44528	100.00	65753	100.00	85971	100.00

2 矩形暗埋段隧道

工程特征：采用SMW工法作围护，开挖并建造暗埋段车行隧道（结构地板埋深≤10m）。

工程内容：SMW工法围护，基坑开挖，安装、拆除钢支撑围令，降水、地基加固，内部结构施工，机械外运土方等。

单位：m

指标编号			6BZ-007		6BZ-008		6BZ-009	
			SMW工法围护					
项目		单位	二车道	占指标基价（%）	四车道	占指标基价（%）	六车道	占指标基价（%）
1	SMW工法15m	m^3	2.93	1.51	2.93	0.83	3.27	0.70
2	SMW工法20m	m^3	11.36	6.22	9.52	2.87	10.55	2.50
3	SMW工法25m	m^3	5.86	3.40	7.70	2.46	8.65	2.18
4	SMW工法H型钢	t	2.62	6.79	2.62	3.74	2.92	2.89
5	支撑基坑挖土	m^3	93.51	22.98	191.87	25.93	275.39	28.85
6	回填土	m^3	21.55	0.64	39.82	0.65	59.52	0.73
7	圈梁混凝土	m^3	1.70	4.45	1.70	2.45	1.70	1.83
8	底板混凝土	m^3	8.58	15.88	19.74	20.09	28.03	21.05
9	衬墙混凝土	m^3	7.56	18.52	7.56	10.19	7.56	7.57
10	墙体混凝土	m^3	—	—	5.80	6.42	7.39	6.10
11	顶板混凝土	m^3	8.58	15.27	19.74	19.31	28.03	20.45
12	顶板防水层	m^2	10.44	1.45	21.44	1.64	30.44	1.73
13	地板诱导缝	m	0.38	0.36	0.84	0.43	1.22	0.47
14	顶板诱导缝	m	0.38	0.28	0.84	0.34	1.22	0.36
15	侧墙诱导缝	m	0.44	0.59	0.88	0.65	0.88	0.49
16	沥青路面	m^2	9.00	1.07	20.00	1.30	29.00	1.35
17	沥青防滑层	m^2	9.00	0.58	20.00	0.71	29.00	0.73
建筑安装费		元	67006	100.00	121864	100.00	162075	100.00

工程特征：采用地下墙作围护，开挖并建造暗埋段车行隧道（结构地板埋深≤15m）。

工程内容：地下连续墙围护，基坑开挖，安装、拆除钢支撑围令，降水、地基加固，内部结构施工，机械外运土方等。

单位：m

指标编号			6BZ-010		6BZ-011		6BZ-012	
			地下连续墙围护					
项目		单位	二车道	占指标基价（%）	四车道	占指标基价（%）	六车道	占指标基价（%）
1	地下连续墙 20m	m^3	6.37	8.81	8.50	8.25	8.50	6.57
2	地下连续墙 25m	m^3	11.44	16.02	11.44	11.25	14.30	11.19
3	地下连续墙 30m	m^3	10.47	15.61	11.58	12.12	12.78	10.65
4	地下连续墙 35m	m^3	13.26	21.66	13.26	15.21	15.92	14.54
5	支撑基坑挖土	m^3	129.49	13.78	263.61	19.69	373.33	22.20
6	回填土	m^3	49.45	0.54	100.51	0.78	142.29	0.87
7	圈梁混凝土	m^3	1.65	1.59	1.92	1.30	2.16	1.16
8	底板混凝土	m^3	12.20	8.32	24.85	11.90	35.20	13.42
9	衬墙混凝土	m^3	6.00	5.42	6.00	3.80	6.00	3.03
10	墙体混凝土	m^3	—	—	7.41	3.86	7.41	3.07
11	顶板混凝土	m^3	10.08	6.61	20.53	9.45	29.08	10.66
12	顶板防水层	m^2	10.60	0.54	21.60	0.78	30.60	0.88
13	地板诱导缝	m	0.38	0.13	0.82	0.20	1.18	0.23
14	顶板诱导缝	m	0.38	0.10	0.82	0.16	1.18	0.18
15	侧墙诱导缝	m	0.44	0.22	0.87	0.30	0.87	0.24
16	沥青路面	m^2	9.50	0.41	20.50	0.63	29.50	0.72
17	沥青防滑层	m^2	9.50	0.23	20.50	0.34	29.50	0.39
	建筑安装费	元	181803	100.00	259001	100.00	325289	100.00

3 圆形隧道(土压平衡盾构掘进)

工程特征：$D\leqslant4$m、$D\leqslant5$m、$D\leqslant6$m 适用于工业取水、排水隧道、电缆隧道等。

工程内容：盾构安装、拆除，盾构掘进，管片制作、拼装，设置密封条，衬砌压浆，柔性接缝环，隧道内照明、运输、通风、通信、监控、测量，弓底及内衬墙等。

单位：m

指标编号			6BZ-013		6BZ-014		6BZ-015	
项目		单位	盾构机直径（m）					
			$D\leqslant4$	占指标基价（%）	$D\leqslant5$	占指标基价（%）	$D\leqslant6$	占指标基价（%）
1	盾构机安装、拆除	只	0.001	0.85	0.001	0.84	0.001	1.11
2	土压盾构掘进	m	1.00	35.86	1.00	32.60	1.00	31.45
3	管片制作	环	1.25	48.07	1.11	49.29	1.00	47.21
4	柔性接缝环	处	0.002	1.21	0.002	1.06	0.002	1.03
5	钢管片 1t 以内	t	0.02	1.30	0.03	1.32	0.03	1.28
6	弓形底板	m^3	0.92	4.16	1.45	4.60	2.19	5.47
7	侧向衬墙	m^3	0.55	5.22	0.83	5.53	1.27	6.66
8	顶内衬墙	m^3	0.27	3.33	0.55	4.76	0.85	5.79
	建筑安装费	元	20634	100.00	29416	100.00	37364	100.00

工程特征：$D\leqslant7$m、$2\times D6.2$m 适用于地铁隧道；$D\leqslant11$m 适用于公路交通隧道。

工程内容：盾构安装、拆除，盾构掘进，管片制作、拼装，设置密封条，衬砌压浆，柔性接缝环，隧道内照明、运输、通风、通信、监控、测量等。$D\leqslant11$m 的公路隧道，包括隧道内二车道路面结构。

单位：m

指标编号			6BZ-016		6BZ-017		6BZ-018	
项目		单位	盾构机直径（m）					
			$D\leqslant7$	占指标基价（%）	$D\leqslant11$	占指标基价（%）	$2\times D$ 6.2 双圆盾构	占指标基价（%）
1	盾构机安装、拆除	只	0.001	1.12	0.001	0.97	0.001	2.08
2	土压盾构掘进	m	1.00	38.36	1.00	33.61	1.00	36.91
3	管片制作	环	0.83	51.54	0.67	48.28	0.83	54.83
4	柔性接缝环	处	0.002	1.10	0.002	0.84	0.002	1.11
5	钢管片 1t 以外	t	0.05	1.46	0.07	0.93	0.064	1.06
6	弓形底板	m^3	2.98	6.43	0.72	0.66	3.40	4.00
7	圆形隧道道路	m^3	—	—	3.20	6.16	—	—
8	侧向衬墙	m^3	—	—	1.60	3.10	—	—
9	侧石	m^3	—	—	0.27	0.38	—	—
10	牛腿	m^3	—	—	0.27	0.66	—	—
11	支承墙	m^3	—	—	1.74	2.30	—	—
12	素混凝土充填	m^3	—	—	1.79	0.85	—	—
13	电缆沟	m^3	—	—	0.25	0.32	—	—
14	沥青面层	m^2	—	—	7.75	0.61	—	—
15	防滑层	m^2	—	—	7.75	0.33	—	—
	建筑安装费	元	43219	100.00	101240	100.00	79261	100.00

4　圆形隧道(泥水平衡盾构掘进)

工程特征：D≤4m、D≤5m、D≤6m 适用于工业取排水、水隧道、电缆隧道等。

工程内容：盾构安装、拆除，盾构掘进，管片制作、拼装，设置密封条，衬砌压浆，柔性接缝环，隧道内照明、运输、通风、通信、监控、测量，弓底及内衬墙等。

单位：m

指标编号			6BZ-019		6BZ-020		6BZ-021	
项　　目		单位	盾构机直径（m）					
			D≤4	占指标基价（%）	D≤5	占指标基价（%）	D≤6	占指标基价（%）
1	盾构机安装、拆除	只	0.001	0.84	0.001	0.83	0.001	1.08
2	泥水盾构掘进	m	1.00	36.46	1.00	33.31	1.00	33.38
3	管片制作	环	1.25	47.61	1.11	48.77	1.00	45.88
4	柔性接缝环	处	0.002	1.20	0.002	1.05	0.002	1.01
5	钢管片 1t 以内	t	0.02	1.29	0.03	1.31	0.03	1.24
6	弓形底板	m^3	0.92	4.12	1.45	4.55	2.19	5.32
7	侧向衬墙	m^3	0.55	5.17	0.83	5.47	1.27	6.47
8	顶内衬墙	m^3	0.27	3.30	0.55	4.71	0.85	5.63
建筑安装费		元	20831	100.00	29731	100.00	38448	100.00

工程特征：D≤7m 适用于地铁隧道；D≤11m、D≤15m 适用于公路交通隧道。

工程内容：盾构安装、拆除，盾构掘进，管片制作、拼装，设置密封条，衬砌压浆，柔性接缝环，隧道内照明、运输、通风、通信、监控、测量等。D≤11m 的公路隧道，包括隧道内二车道路面结构，D≤15m 的公路隧道，包括隧道内四车道路面结构。

单位：m

指标编号			6BZ-022		6BZ-023		6BZ-024	
项　　目		单位	盾构机直径（m）					
			D≤7	占指标基价（%）	D≤11	占指标基价（%）	D≤15	占指标基价（%）
1	盾构机安装、拆除	只	0.001	1.09	0.001	0.958	0.001	0.68
2	泥水盾构掘进	m	1.00	39.89	1.00	33.84	1.00	38.34
3	管片制作	环	0.83	50.25	0.67	47.81	0.50	44.86
4	柔性接缝环	处	0.002	1.07	0.002	0.83	0.002	0.57
5	钢管片 1t 以外	t	0.05	1.42	0.07	0.92	0.10	0.68
6	弓形底板	m^3	2.98	6.28	0.72	0.66	—	—
7	圆形隧道道路	m^3	—	—	3.20	6.10	10.55	11.06
8	侧向衬墙	m^3	—	—	1.60	3.07	1.08	1.14
9	侧石	m^3	—	—	0.27	0.38	1.23	0.94
10	牛腿	m^3	—	—	0.27	0.66	0.55	0.74
11	支承墙	m^3	—	—	1.74	2.69	—	—
12	素混凝土充填	m^3	—	—	1.79	0.85	—	—
13	电缆沟	m^3	—	—	0.25	0.32	—	—
14	沥青面层	m^2	—	—	7.75	0.60	14.90	0.64
15	防滑层	m^2	—	—	7.75	0.33	14.90	0.35
建筑安装费		元	44321	100.00	102230	100.00	185821	100.00

5 顶升立管

工程特征：适用于工业取水、排水隧道，建造水底取水口。

工程内容：管节制作，垂直顶升、安装止水框连系梁，立管揭顶盖等。

单位：m

指标编号			6BZ-025		6BZ-026		6BZ-027	
项目		单位	立管高度（m）					
			6	占指标基价(%)	8	占指标基价（%）	10	占指标基价（%）
1	顶升车架	t	3.00	10.32	4.00	10.82	5.00	11.15
2	止水框	t	0.85	5.34	0.85	4.20	0.85	3.46
3	连系钢梁	t	1.25	5.34	1.25	4.21	1.25	3.47
4	管节钢壳	t	7.20	39.48	9.60	41.43	12.00	42.69
5	首节顶升	节	1.00	4.09	1.00	3.22	1.00	2.65
6	中间节顶升	节	4.00	9.45	6.00	11.16	8.00	12.26
7	末节顶升	节	1.00	4.02	1.00	3.17	1.00	2.61
8	恒电位仪	只	1.00	1.03	1.00	0.81	1.00	0.67
9	阳极安装	只	1.00	1.15	1.00	0.91	1.00	0.75
10	阴极安装	只	1.00	0.67	1.00	0.52	1.00	0.43
11	电缆敷设	m	600	17.23	800	18.08	1000	18.63
12	岸边安装取水头	座	1.00	1.88	1.00	1.48	1.00	1.22
建筑安装费		元	255361	100.00	324483	100.00	393606	100.00

6 旁通道

工程特征：在两条隧道之间，采用暗挖法建造联络通道。

工程内容：注浆法加固土体，拆除隧道管片，开挖锚喷混凝土，浇筑混凝土，接缝处置等。

单位：m

指标编号			6BZ-028		6BZ-029	
项目		单位	通道断面（宽×高）（m）			
			2×2	占指标基价（%）	2×3	占指标基价（%）
1	注浆法土体加固	m^3	144.50	45.88	155.50	45.96
2	开挖加固土体	m^3	15.25	2.57	17.29	2.71
3	喷射混凝土	m^3	2.39	3.71	2.64	3.82
4	旁通道、泵房混凝土	m^3	8.75	28.32	9.24	27.84
5	隧道内拆除钢管片	t	0.29	0.97	0.29	0.90
6	旁通道、泵房预埋件	t	0.12	1.10	0.12	1.03
7	接缝处置	m	2.17	17.45	2.37	17.75
建筑安装费		元	111601	100.00	119880	100.00

7 盾构工作井(沉井法施工)

工程特征：采用沉井方法建造盾构工作井，采用排水下沉方法施工。

工程内容：沉井制作、下沉出土，沉井封底，钢封门安装、拆除，工作井内部结构等。

单位：座

指标编号			6BZ-030		6BZ-031		6BZ-032	
			盾构工作井（长×宽×深）（m）					
项目		单位	10×8×10	占指标基价（%）	15×12×15	占指标基价（%）	20×15×20	占指标基价（%）
1	沉井挖土 10m 以内	m^3	1280.64	10.06	—	—	—	—
2	沉井挖土 15m 以内	m^3	—	—	3792.77	12.59	—	—
3	沉井挖土 20m 以内	m^3	—	—	—	—	8265.40	16.88
4	井筒体混凝土	m^3	515.36	68.40	1289.42	63.26	2666.64	63.97
5	混凝土封底	m^3	160.00	6.66	360.00	5.54	600.00	4.51
6	块石、碎石垫层	m^3	120.00	1.56	270.00	1.30	450.00	1.06
7	砂垫层	m^3	40.00	0.44	90.00	0.37	150.00	0.30
8	墙厚 0.6m 以内	m^3	45.00	5.55	121.50	5.54	210.00	4.68
9	梁高 0.6m 以内	m^3	17.28	2.82	64.80	3.91	84.00	2.48
10	板厚 0.5m 以内	m^3	40.00	4.51	180.00	7.50	300.00	6.11
建筑安装费		元	1211965	100.00	3278624	100.00	6704779	100.00

8 盾构工作井(地下连续墙围护)

工程特征：采用地下连续墙作围护，开挖并建造盾构工作井。

工程内容：地下连续墙围护，工作井开挖，安装、拆除钢支撑围令，降水、地基加固，内部结构施工，机械外运土方等。

单位：座

指标编号			6BZ-033		6BZ-034		6BZ-035	
项目		单位	盾构工作井（长×宽×深）（m）					
			20×15×15	占指标基价（%）	25×20×20	占指标基价（%）	30×25×25	占指标基价（%）
1	地下墙深 20m 以内	m^3	1432.80	47.99	—	—	—	—
2	地下墙深 30m 以内	m^3	—	—	3060.00	49.51	—	—
3	地下墙深 40m 以内	m^3	—	—	—	—	5526.00	53.78
4	基坑挖土深 15m 以内	m^3	6023.81	13.22	—	—	—	—
5	基坑挖土深 20m 以内	m^3	—	—	13127.40	13.69	—	—
6	基坑挖土深 25m 以内	m^3	—	—	—	—	23587.20	14.44
7	碎石垫层	m^3	112.50	0.26	200.00	0.21	312.50	0.17
8	混凝土垫层	m^3	67.50	0.43	120.00	0.35	187.50	0.29
9	底板厚 1.0m 以外	m^3	337.50	5.48	720.00	5.24	1250.00	4.82
10	衬墙	m^3	644.40	14.10	1288.00	12.62	1904.00	9.89
11	墙厚 0.6m 以内	m^3	157.50	2.83	270.00	2.17	412.50	1.76
12	梁高 0.6m 以内	m^3	67.20	1.77	108.00	1.28	132.00	0.83
13	梁高 0.6m 以外	m^3	211.94	4.95	557.52	5.84	813.12	4.51
14	板厚 0.8m 以内	m^3	270.00	4.50	440.00	3.29	1062.50	4.21
15	板厚 0.8m 以外	m^3	180.00	2.86	640.00	4.55	1125.00	4.25
16	土体加固	m^3	337.50	1.59	600.00	1.27	937.50	1.05
建筑安装费		元	7504059	100.00	16753532	100.00	31595844	100.00

附录 B.2　主要材料、机械台班、设备单价取定表

序号	材料、机械名称	规格型号	单位	单价（元）
1	水泥	32.5	t	330.00
2	水泥	42.5	t	350.00
3	乳胶水泥		kg	13.09
4	商品混凝土	C20	m^3	292.24
5	商品混凝土	C30	m^3	327.24
6	商品混凝土	C40	m^3	367.24
7	木模成材		m^3	1144.00
8	钢筋	综合	t	3540.00
9	粗加工钢材		t	4288.00
10	细加工钢材		t	5070.00
11	螺栓带帽		kg	8.21
12	压浆孔螺母		只	9.05
13	不锈钢板		kg	20.53
14	电焊条		kg	5.64
15	钢丝绳		t	5050.00
16	不锈钢螺丝		kg	13.33
17	橡胶板		kg	8.01
18	黄砂		t	29.63
19	碎石		t	39.05
20	块石		t	43.40
21	钢模及配件		kg	4.30
22	磨细粉煤灰		t	123.20
23	膨润土		kg	0.29
24	水玻璃		kg	0.96
25	注浆阀管		m	11.53
26	高压胶管		m	37.59
27	盾尾油脂		kg	22.50
28	粉煤灰		t	33.36
29	石灰膏		t	126.12
30	护壁泥浆		m^3	207.05
31	硬泡沫塑料板		m^3	809.60
32	电		kW·h	0.60
33	枕木		m^3	1050.00

续表

序号	材料、机械名称	规格型号	单位	单价（元）
34	桩帽		kg	4.93
35	H 型钢桩		t	5467.21
36	管片连接螺栓		kg	7.08
37	管片钢模		kg	11.01
38	石油沥青漆		kg	1.93
39	聚氨酯粘合剂		kg	22.53
40	聚氨酯泡沫塑料		kg	26.81
41	螺栓套管		只	11.48
42	氯丁酚醛胶	303	kg	82.34
43	环氧树脂		kg	23.42
44	氯丁橡胶条		kg	34.93
45	氯丁橡胶		kg	22.52
46	结皮海绵橡胶板		kg	20.87
47	内防水橡胶止水带		m	166.47
48	平板形橡胶止水带		m	95.97
49	环氧沥青漆		kg	9.90
50	防锈漆		kg	8.23
51	铜芯电缆		m	16.00
52	电缆	综合	m	34.98
53	硬聚氯乙烯管	ϕ12.5	m	4.98
54	胶塑板		kg	21.05
55	橡胶管		m	15.00
56	胶粉油毡衬垫		kg	7.82
57	环氧聚氨酯嵌缝膏		kg	14.44
58	乳化沥青		kg	6.52
59	重质柴油		kg	3.21
60	聚硫密封胶		kg	60.00
61	冷底子油		kg	4.10
62	氯丁胶水泥砂浆		kg	8.07
63	改良沥青防水卷材		m^2	36.00
64	环氧聚氨酯涂料		m^2	45.00
65	网格布		m^2	2.41
66	纯碱		kg	1.17
67	羧甲基纤维素		kg	11.55

续表

序号	材料、机械名称	规格型号	单位	单价（元）
68	减摩剂		kg	25.00
69	减水剂		kg	2.86
70	中粒式沥青混凝土	AC-30	t	251.12
71	细粒式沥青混凝土	AC-13	t	265.85
72	抗滑表层	AK-13-0	t	274.47
73	石膏粉		kg	0.37
74	钢管		t	3650.00
75	聚氨酯固化剂		kg	23.68
76	机械外运土方		m^3	22.50
77	机械外运泥浆		m^3	32.00
78	履带式推土机		台班	584.67
79	履带式单斗挖掘机		台班	471.65
80	履带式液压抓斗成槽机		台班	3186.57
81	泥浆制作循环设备		台班	1475.10
82	搅拌桩机三轴钻		台班	8800.00
83	深层水泥搅拌桩机		台班	1865.68
84	沥青混凝土摊铺机(带自动找平）	8t	台班	1090.17
85	沥青混凝土摊铺机	8.5m	台班	2392.56
86	液压振动压路机		台班	697.68
87	履带式起重机	300t	台班	11011.87
88	履带式起重机	150t	台班	5303.40
89	履带式起重机	90t	台班	3230.20
90	履带式起重机	60t	台班	1829.80
91	履带式起重机	40t	台班	1163.89
92	履带式起重机	25t	台班	646.72
93	履带式起重机	15t	台班	544.20
94	龙门式起重机	20t	台班	489.50
95	龙门式起重机	10t	台班	276.20
96	龙门式起重机	5t	台班	156.97
97	汽车式起重机	12t	台班	625.55
98	汽车式起重机	8t	台班	473.30
99	汽车式起重机	5t	台班	351.51
100	混凝土输送泵车	75 m^3/h	台班	1421.72
101	双锥反转出料搅拌机	800L	台班	103.08

续表

序号	材料、机械名称	规格型号	单位	单价（元）
102	交流电焊机	30kV·A	台班	98.57
103	对焊机	75kV·A	台班	131.61
104	电动空压机	$0.9m^3$	台班	73.77
105	电动空压机	$6m^3$	台班	220.13
106	顶升设备	100t	台班	926.16
107	液压千斤顶组	100t	台班	915.01
108	双慢电动卷扬机	10t	台班	178.28
109	单慢电动卷扬机	10t	台班	147.57
110	单慢电动卷扬机	8t	台班	119.04
111	液压泵车		台班	107.90
112	液压钻机		台班	159.55
113	液压注浆泵		台班	120.18
114	工程钻机	GPJ15	台班	608.58
115	混凝土喷射机		台班	277.00
116	轨道式柴油打桩机		台班	888.00
117	载重汽车	15t	台班	722.69
118	载重汽车	4t	台班	237.91
119	轨道平车	5t	台班	19.64
120	电瓶车	10t	台班	220.26
121	内燃空气压缩机	$6m^3$	台班	304.74
122	履带吊配钻吸机组	50t	台班	2852.88
123	土压平衡盾构机	$D\leqslant4m$	台班	2041.00
124	土压平衡盾构机	$D\leqslant5m$	台班	3053.70
125	土压平衡盾构机	$D\leqslant6m$	台班	3442.30
126	土压平衡盾构机	$D\leqslant7m$	台班	4060.30
127	土压平衡盾构机	$D\leqslant11m$	台班	5877.80
128	双圆土压平衡盾构机	$2\times D6.2m$	台班	7502.70
129	泥水平衡盾构机	$D\leqslant4m$	台班	2113.61
130	泥水平衡盾构机	$D\leqslant5m$	台班	3162.47
131	泥水平衡盾构机	$D\leqslant6m$	台班	3575.08
132	泥水平衡盾构机	$D\leqslant7m$	台班	4215.75
133	泥水平衡盾构机	$D\leqslant11m$	台班	6126.89
134	泥水平衡盾构机	$D\leqslant15m$	台班	12935.00
135	多级离心泵	$\phi150$ 扬程 180m	台班	478.03

续表

序号	材料、机械名称	规格型号	单位	单价（元）
136	多级离心泵	$\phi100$	台班	206.42
137	单级离心清水泵	$\phi200$	台班	135.28
138	单级离心泵	$\phi150$	台班	116.25
139	泥浆泵	$\phi100$	台班	211.32
140	泥浆泵	$\phi50$	台班	65.07
141	污水泵	$\phi100$	台班	146.24
142	潜水泵	$\phi150$	台班	83.13
143	潜水设备		台班	446.37
144	电动灌浆机		台班	57.74
145	轴流风机	100kW	台班	356.76
146	轴流风机	7.5kW	台班	32.69
147	盾构同步压浆泵		台班	521.13
148	垂直顶升设备		台班	929.16
149	龙门刨床	1000×3000	台班	221.11
150	牛头刨床	630	台班	56.54
151	摇臂钻床	$\phi63$	台班	96.77
152	板料校平	16×2500	台班	1555.54
153	卷板机	20×2000	台班	83.95
154	立式钻床	$\phi50$	台班	78.36
155	工业锅炉（蒸发量）	1t/h	台班	1070.31
156	木船	60t	d·t	2.94

附录 B.3 编制软土隧道工程投资估算应用案例

1 综合指标应用案例

例：某沿海城市拟建一条污水排海隧道，设计总长 1200m。岸边设一座高位排水井（兼盾构工作井），工作井尺寸为：长 15m、宽 12m、深 15m。圆形隧道段采用 ϕ4m 的土压平衡盾构机掘进。每环管片宽 0.8m，管片壁厚 0.25m，双线隧道总长 1200m，单线为 2400m。隧道尾端伸入海底处，设有 8 座 10m 高的垂直立管排放口。管节外尺寸：长 2m×宽 2m×高 1m，管壁厚 0.15m。由于盾构机施工后无法取出，按每台 600 万元摊入本工程费用中。

该城市人工、材料、机械台班价格如下：

1	综合工日	36.68	元/工日
2	商品混凝土 C20	321.00	元/m^3
3	商品混凝土 C30	358.00	元/m^3
4	预制混凝土 C40	398.00	元/m^3
5	木模成材	1200.00	元/m^3
6	枕木	1150.00	元/m^3
7	钢筋	3650.00	元/t
8	管片钢模	12.00	元/kg
9	粗加工钢材	4350.00	元/t
10	细加工钢材	5100.00	元/t
11	管片连接螺栓	7.08	元/kg
12	不锈钢板	20.53	元/kg
13	不锈钢螺丝	13.33	元/只
14	黄砂	25.60	元/t
15	碎石	35.40	元/t
16	膨润土	0.29	元/kg
17	羧甲基纤维素	11.55	元/kg
18	电焊条	5.35	元/kg
19	氯丁橡胶条	34.00	元/kg
20	盾尾油脂	25.00	元/kg
21	磨细粉煤灰	123.00	元/t
22	水玻璃	0.96	元/kg
23	电	0.60	kW·h
24	环氧沥青漆	9.90	元/kg
25	聚氨酯固化剂	23.00	元/kg
26	橡胶板	8.00	元/kg
27	铜芯电缆	36.00	元/m
28	土压平衡盾构机	3500.00	元/台班
29	盾构同步压浆泵	520.00	元/台班
30	龙门式起重机 10t	320.00	元/台班
31	混凝土输送泵车 75m^3/h	1500.00	元/台班
32	履带式起重机 40t	1650.00	元/台班
33	履带式起重机 25t	650.00	元/台班
34	履带式起重机 15t	540.00	元/台班

35 载重汽车 4t 220.00 元/台班
36 垂直顶升设备 850.00 元/台班
37 交流电焊机 30kV·A 98.50 元/台班
38 双慢电动卷扬机 10t 265.00 元/台班
39 机械外运土方 30.00 元/m^3

一、综合指标直接费中人工费、材料费、机械费单价换价:

1. 人工费换价:

人工费=综合人工×工日单价(采用当时当地价)

指标编号	项 目 名 称	单位	指标工日量	当地单价（元）	合价(元)
6BZ-031	盾构工作井沉井法施工（15m×12m×15m）	座	8450	36.68	309946
6BZ-013	圆形隧道 ϕ4m （土压平衡盾构掘进）	m	82	36.68	3008
6BZ-027	顶升立管（立管高 10m）	座	1687	36.68	61879

2. 材料费换价:

（1）6BZ-031，盾构工作井沉井法施工（15m×12m×15m）材料费见下表:

材 料 名 称	单位	指标耗用量	当地单价（元）	合价(元)
商品混凝土 C20	m^3	374.40	321.00	120182
商品混凝土 C30	m^3	1713.67	358.00	613494
木模成材	m^3	32.37	1200.00	38844
钢筋	t	225.94	3650.00	824681
粗加工钢材	t	27.39	4350.00	119147
黄砂	t	162.27	25.60	4154
碎石	t	496.53	35.40	17577
膨润土	kg	24433.01	0.29	7086
羧甲基纤维素	kg	318.59	11.55	3680
电焊条	kg	1762.98	5.35	9432
小 计	元			1758276

（2）6BZ-013，圆形隧道 $D\leqslant4$m （土压平衡盾构掘进）材料费见下表:

材 料 名 称	单位	指标耗用量	当地单价（元）	合价(元)
商品混凝土 C30	m^3	1.80	358.00	644
预制混凝土 C40	m^3	3.05	398.00	1214
木模成材	m^3	0.03	1200.00	36
钢筋	t	0.69	3650.00	2519
管片钢模	kg	33.70	12.00	404

续表

材 料 名 称	单位	指标耗用量	当地单价（元）	合价(元)
氯丁橡胶条	kg	18.05	34.00	614
管片连接螺栓	kg	61.32	7.08	434
粗加工钢材	t	0.05	4350.00	218
细加工钢材	t	0.08	5100.00	408
盾尾油脂	kg	18.11	25.00	453
磨细粉煤灰	t	2.72	123.00	335
膨润土	kg	116.53	0.29	34
水玻璃	kg	44.76	0.96	43
电焊条	kg	8.41	5.35	45
电	kW·h	339.48	0.60	204
小　　计	元			7603

（3）6BZ-027，顶升立管（立管高 10m）材料费见下表：

材 料 名 称	单位	指标耗用量	当地单价（元）	合价(元)
预制混凝土 C40	m^3	11.50	398.00	4577
枕木	m^3	0.37	1150.00	426
钢筋	t	2.58	3650.00	9417
粗加工钢材	t	16.14	4350.00	70209
细加工钢材	t	0.42	5100.00	2142
不锈钢板	kg	893.52	20.53	18344
环氧沥青漆	kg	185.57	9.90	1837
聚氨酯固化剂	kg	92.84	23.00	2135
橡胶板	kg	45.90	8.00	367
电焊条	t	672.01	5.35	3595
铜芯电缆	m	1050.00	36.00	37800
不锈钢螺丝	只	48.96	13.33	653
小　　计	元			151502

其他材料费换价:

$$其他材料费=指标其他材料费\times\frac{调整后的主要材料费}{指标(材料费小计-其他材料费-材料费中措施费分摊)}$$

6BZ-031 其他材料费=75775×1758276÷(1853418−75775−108234)=79809（元）

6BZ-013 其他材料费=578×7603÷(8648−578−679)=595（元）

6BZ-027 其他材料费=5635×151502÷(167362−5635−12726)=5730（元）

3. 机械费换价:

（1）6BZ-031，盾构工作井沉井法施工（15m×12m×15m）机械费换价见下表：

机 械 名 称	单位	指标耗用量	当地台班价（元）	合价(元)
履带式起重机 40 t	台班	166.88	1650.00	275352
履带式起重机 25 t	台班	71.27	650.00	46326
履带式起重机 15 t	台班	16.63	540.00	8980
载重汽车 4 t	台班	23.76	220.00	5227
混凝土输送泵车 75 m^3/h	台班	54.64	1500.00	81960
30kV·A 交流电焊机	台班	76.02	98.50	7488
机械外运土方	m^3	3793	30.00	113790
小　计	元			539123

（2）6BZ-013，圆形隧道 $D \leqslant 4$m （土压平衡盾构掘进）机械费换价见下表：

机 械 名 称	单位	指标耗用量	当地台班价（元）	合价(元)
土压平衡盾构机	台班	0.63	3500.00	2212
盾构同步压浆泵	台班	0.27	520.00	141
龙门式起重机 10t	台班	3.59	320.00	1150
混凝土输送泵车 75m^3/h	台班	0.04	1500.00	66
机械外运土方	m^3	12.56	30.00	377
小　计	元			3946

（3）6BZ-027，顶升立管（立管高 10m）机械费换价见下表：

机 械 名 称	单位	指标耗用量	当地台班价（元）	合价(元)
垂直顶升设备	台班	5.14	850.00	4369
龙门式起重机 10t	台班	106.21	320.00	33987
交流电焊机 30kV·A	台班	202.95	98.50	19991
双慢电动卷扬机 10t	台班	5.77	265.00	1529
小　计	元			59876

其他机械费换价:

$$\text{其他机械费}=\text{指标其他机械费}\times\frac{\text{调整后的主要机械费}}{\text{指标(机械费小计}-\text{其他机械费}-\text{机械费中措施费分摊)}}$$

6BZ-031 其他机械费=16026×539123÷(447789−16026−6220)=20303（元）

6BZ-013 其他机械费=2101×3946÷(4909−2101−39)=2994（元）

6BZ-027 其他机械费=25805×59876÷(81681−25805−731)=28019（元）

4. 措施费计算:

措施费=调整后的（人工费+主材费+其他材料费+主要机械费+其他机械费）×费率

本册费率为 5.08%。其中分摊比例：人工费占 8%，材料费 87%，机械费占 5%。

6BZ-031 措施费计算:

措施费=调整后的（人工费+主材费+其他材料费+主要机械费+其他机械费）×费率

=（309946+1758276+79809+539123+20303）×5.08%=137539（元）

其中：人工费分摊=137539×8%=11003（元）

材料费分摊=137539×87%=119659（元）

机械费分摊=137539×5%=6877（元）

6BZ-013 措施费计算:

措施费=调整后的（人工费+主材费+其他材料费+主要机械费+其他机械费）×费率

=（3008+7603+595+3946+2994）×5.08%=922（元）

其中：人工费分摊=922×8%=74（元）

材料费分摊=922×87%=802（元）

机械费分摊=922×5%=46（元）

6BZ-027 措施费计算:

措施费=调整后的（人工费+主材费+其他材料费+主要机械费+其他机械费）×费率

=（61879+151502+5730+59876+28019）×5.08%=15596（元）

其中：人工费分摊=15596×8%=1248（元）

材料费分摊=15596×87%=13569（元）

机械费分摊=15596×5%=780（元）

二、换价后的建筑安装工程直接费如下表:

单位：元

指标编号		6BZ-031(换)	6BZ-013(换)	6BZ-027(换)
项目名称		盾构工作井沉井法施工（15m×12m×15m）	圆形隧道 $D\leq4$m（土压平衡盾构掘进）	顶升立管（立管高 10m）
人工费	人工费	309946	3008	61879
	措施费分摊	11003	74	1248
	人工费小计	320949	3082	63127
材料费	材料费	1758276	7603	151502
	其他材料费	79809	595	5730
	措施费分摊	119659	802	13569
	材料费小计	1957744	9000	170801
机械费	机械费	539123	3946	59876
	其他机械费	20303	2994	28019
	措施费分摊	6877	46	780
	机械费小计	566303	6986	88675
直接费小计		2844996	19068	322602

三、调整后的综合指标计算式:

1. 综合费用: 综合费用=调整后的直接费小计×综合费率 本册综合费率为 27.68%
2. 设备购置费用: 设备购置费=原综合设备购置费×(1+涨价率) 本设备价格当地价上涨了 5%
3. 工程建设其他费: 工程建设其他费=调整后的(建筑安装工程费+设备工器具费)×费率 本册其他费用率为 12.5%
4. 预备费: 预备费=调整后的(建筑安装工程费+设备工器具费+工程建设其他费)×预备费率 本册预备费率为 8%

四、调整后的综合指标见下表:

单位:元

指标编号		6BZ-031(换)	6BZ-013(换)	6BZ-027(换)
项目名称		盾构工作井沉井法施工（15m×12m×15m）	圆形隧道 $D \leqslant 4$m（土压平衡盾构掘进）	顶升立管（立管高 10m）
指标基价		4413477	28759	660199
一、建筑安装工程费		3632491	24346	411898
二、设备购置费		—	—	147000
三、工程建设其他费		454061	3043	69862
四、基本预备费		326924	1369	31438
建筑安装工程费				
直接费	人工费小计	320949	3082	63127
	材料费小计	1957744	9000	170801
	机械费小计	566303	6986	88675
	直接费小计	2844996	19068	322602
综合费用		787495	5278	89296
合计		3632491	24346	411898

五、按本册估算指标测算的工程投资估算见下表:

指标编号	项目名称	单位	数量	单价(元)	合价(元)
6BZ-031(换)	盾构工作井沉井法施工（15m×12m×15m）	座	1	4413477	4413477
6BZ-013(换)	圆形隧道 $D \leqslant 4$m（土压平衡盾构掘进）	m	2400	28759	69021192
6BZ-027(换)	顶升立管（立管高 10m）	座	8	660199	5281588
盾构机头摊销		台	2	6000000	12000000
本工程土建投资估算		元			90716257
技术经济指标		万元/m			7.56

2 分项指标应用案例

例:6BF-037，土压平衡盾构掘进，直径 7m 以内，单位:m。

当地市场人工、材料、机械价格如下：

1	综合工日	36.68	元/工日
2	粗加工钢材	4.35	元/kg
3	细加工钢材	5.10	元/kg
4	管片连接螺栓	7.50	元/kg
5	膨润土	0.29	元/kg
6	电焊条	5.35	元/kg
7	盾尾油脂	25.00	元/kg
8	粉煤灰	30.60	元/t
9	石灰膏	120.00	元/t
10	水玻璃	0.96	元/kg
11	电	0.60	元/kW·h
12	土压平衡盾构机	4800.00	元/台班
13	盾构同步压浆泵	520.00	元/台班
14	龙门式起重机 20t	489.00	元/台班
15	电动单级离心清水泵 ϕ200	125.00	元/台班
16	轴流风机 100kW	320.00	元/台班
17	机械外运土方	30.00	元/台班

一、分项指标直接费中人工费、材料费、机械费单价换价:

1. 人工费换价:

人工费=综合人工×工日单价(采用当时当地价)

人工费=43×36.68=1581（元）

2. 材料费换价见下表:

材 料 名 称	单位	指标耗用量	当地单价（元）	合价(元)
管片连接螺栓	kg	171.35	7.50	1285
粗加工钢材	kg	53.02	4.35	231
细加工钢材	kg	51.72	5.10	264
盾尾油脂	kg	31.81	25.00	795
粉煤灰	t	4.76	30.60	146
石灰膏	t	0.80	120.00	96
膨润土	kg	203.92	0.29	59
水玻璃	kg	78.33	0.96	75
电焊条	kg	4.63	5.35	25
电	kW·h	1058.98	0.60	635
小 计	元			3611

其他材料费换价:

$$其他材料费=指标其他材料费\times\frac{调整后的主要材料费}{指标(材料费小计-其他材料费-材料费中措施费分摊)}$$

其他材料费=347×3611÷(4367−347−546)=361（元）

3. 机械费换价见下表:

机 械 名 称	单位	指标耗用量	当地台班价（元）	合价(元)
土压平衡盾构机	台班	1.04	4800.00	4982
龙门式起重机 20t	台班	0.99	489.00	485
电动单级离心清水泵 ϕ200	台班	1.04	125.00	130
轴流风机 100kW	台班	1.87	320.00	599
盾构同步压浆泵	台班	0.48	520.00	248
机械外运土方	m^3	38.47	30.00	1154
小　　计				7598

其他机械费换价:

$$其他机械费=指标其他机械费\times\frac{调整后的主要机械费}{指标(机械费小计-其他机械费-机械费中措施费分摊)}$$

其他机械费=576×7598÷(7229−576−31)=661（元）

二、措施费的调整:

措施费 = 调整后的（人工费 + 主材费 + 其他材料费 + 主要机械费 + 其他机械费）×费率

本册费率为 5.08%。其中分摊比例：人工费占 8%，材料费占 87%，机械费占 5%。

措施费分摊人工费 = （1581 + 3611 + 361 + 7598 + 661）×5.08%×8%=56（元）

措施费分摊材料费 = （1581 + 3611 + 361 + 7598 + 661）×5.08%×87%=610（元）

措施费分摊机械费 = （1581 + 3611 + 361 + 7598 + 661）×5.08%×5%=35（元）

三、建筑安装工程直接费小计

人工费小计=调整后的人工费+措施费分摊人工费=1581+56=1637（元）

材料费小计=调整后的材料费+其他材料费+措施费分摊材料费=3611+361+610=4582（元）

机械费小计=调整后的机械费+其他机械费+措施费分摊机械费=7598+661+35=8294（元）

直接费小计=调整后的(人工费小计 + 材料费小计 + 机械费小计)=1637+4582+8294=14513（元）

四、调整后的分项指标基价

建筑安装工程直接费合计=建筑安装工程直接费小计+综合费用

本册综合费率为 27.68%。

综合费用= 建筑安装工程直接费小计×综合费率

综合费用= 14513×27.68%=4017（元）

调整后的分项指标基价=14513+4017=18530（元）

分项指标应用案例计算详见下表。

工程内容： 土压平衡盾构机掘进，直径7m以内。管片拼装，螺栓紧固，衬砌压浆，隧道内照明、运输、通风、通信、监控、测量，机械外运土方。施工用的轨道、走道板、支架、平台、扶梯、栏杆的安装、拆除等。

单位：m

指标编号				6BF-037(换)	
项目			单位	直径7m以内	占指标基价（%）
指标基价			元	18530	100.00
一、建筑安装工程费			元	18530	100.00
二、设备购置费			元	—	—
建筑安装工程费					
直接费	人工费	人工	工日	43	—
		措施费分摊	元	56	—
		人工费小计	元	1637	8.83
	材料费	管片连接螺栓	kg	171.35	—
		粗加工钢材	kg	53.02	—
		细加工钢材	kg	51.72	—
		盾尾油脂	kg	31.81	—
		粉煤灰	t	4.76	—
		石灰膏	t	0.80	—
		膨润土	kg	203.92	—
		水玻璃	kg	78.33	—
		电焊条	kg	4.63	—
		电	kW·h	1058.98	—
		其他材料费	元	361	—
		措施费分摊	元	610	—
		材料费小计	元	4582	24.73
	机械费	土压平衡盾构机	台班	1.04	—
		龙门式起重机20t	台班	0.99	—
		电动单级离心清水泵ϕ200	台班	1.04	—
		轴流风机100kW	台班	1.87	—
		盾构同步压浆泵	台班	0.48	—
		机械外运土方	m^3	38.47	—
		其他机械费	元	661	—
		措施费分摊	元	35	—
		机械费小计	元	8294	44.76
	直接费小计		元	14513	—
综合费用			元	4017	21.68
合计			元	18530	—

本册岩石隧道工程主编单位： 重庆市建设工程造价管理总站

本册岩石隧道工程参编单位： 重庆市轨道交通总公司

本册岩石隧道工程主要编写人员： 江　鸿　闫家惠　朱庆十　杨万洪

刘　洁　李秀敏　刘映霞　代　峪

唐　曦　熊亚力　景玉强

本册软土隧道工程主编单位： 上海市隧道工程轨道交通设计研究院

本册软土隧道工程参编单位： 上海隧道工程股份有限公司

本册软土隧道工程主要编写人员： 陈益梁　朱振宇　孙佳乐　刘正伟

综合组成员： 胡传海　徐金泉　王海宏　胡晓丽

白洁如　李艳海　刘　军　刘　智

李永芳　白树华　张东海　龚伟中

王　梅　刘　运　陆勇雄　陈益梁

刘　洁　温鄂生　金春平　吴宏伟

王慧颖　陈建民　石　刚